DK 621.314.63

FORSCHUNGSBERICHTE
DES LANDES NORDRHEIN-WESTFALEN

Herausgegeben durch das Kultusministerium

Nr. 756

Prof. Dr.-Ing. Robert Brüderlink
Dipl.-Ing. Hansjörg Jansen
Institut für Starkstromtechnik der Technischen Hochschule Aachen

Drehstrom - Gleichstrom - Steuersatz mit Trockengleichrichter in Einwellen- und Zweiwellenanordnung

Als Manuskript gedruckt

WESTDEUTSCHER VERLAG / KÖLN UND OPLADEN

1960

ISBN 978-3-663-03576-3 ISBN 978-3-663-04765-0 (eBook)
DOI 10.1007/978-3-663-04765-0

G l i e d e r u n g

Verwendete Größen und Bezeichnungen . . . . S. 5

1. Einführung . . . . S. 7

2. Äußeres Verhalten der Zweiwellenanordnung . . . . S. 9

   2.1 Strom . . . . S. 9

      2.11 Gleichungen . . . . S. 9

      2.12 Ortskurve . . . . S. 11

   2.2 Neue Parametrierung . . . . S. 14

      2.21 GHM fremd erregt ohne RW . . . . S. 14

      2.22 GHM fremd erregt mit RW . . . . S. 18

      2.23 GHM im Nebenschluß erregt . . . . S. 22

   2.3 Drehmoment . . . . S. 23

      2.31 Allgemeine Ableitung . . . . S. 23

      2.32 GHM fremd erregt ohne RW . . . . S. 25

      2.33 GHM fremd erregt mit RW . . . . S. 26

      2.34 GHM im Nebenschluß erregt . . . . S. 27

   2.4 Vergleich von Theorie und Experiment . . . . S. 27

      2.41 GHM fremd erregt ohne RW . . . . S. 28

      2.42 GHM fremd erregt mit RW . . . . S. 32

3. Äußeres Verhalten der Einwellenanordnung . . . . S. 32

   3.1 Strom . . . . S. 32

   3.2 Neue Parametrierung . . . . S. 33

      3.21 GHM fremd erregt ohne RW . . . . S. 33

      3.22 GHM fremd erregt mit RW . . . . S. 35

      3.23 GHM im Nebenschluß erregt . . . . S. 37

   3.3 Drehmoment . . . . S. 38

      3.31 GHM fremd erregt ohne RW . . . . S. 38

      3.32 GHM fremd erregt mit RW . . . . S. 40

      3.33 GHM im Nebenschluß erregt . . . . S. 42

   3.4 Vergleich von Theorie und Experiment . . . . S. 43

      3.41 GHM fremd erregt ohne RW . . . . S. 43

      3.42 GHM fremd erregt mit RW . . . . S. 45

4. Inneres Verhalten des Steuersatzes . . . . S. 46

   4.1 Läuferspannung und -strom . . . . S. 47

   4.2 Ständerstrom . . . . S. 49

      4.21 Ständerstrom in Abhängigkeit von der
       Läuferstellung . . . . S. 52

      4.22 Ständerstrom in Abhängigkeit von der
       Läuferbewegung . . . . S. 55

      4.23 Berücksichtigung der Kommutierungsdauer . . . . . . S. 63

      4.24 Periodizität des Primärstromes . . . . S. 65

   4.3 Dynamisches Verhalten . . . . S. 69

5. Der Trockengleichrichter . . . . S. 70

   5.1 Schaltung und Wirkungsweise . . . . S. 70

   5.2 Ideale und wirkliche Gleichrichterkennlinie . . . . S. 77

   5.3 Verluste . . . . S. 80

   5.4 Blindleistung . . . . S. 82

   5.5 Belastbarkeit, Sicherung und Dimensionierung . . . . . . S. 85

   5.6 Wahl des Gleichrichtertyps . . . . S. 87

      5.61 Vergleich der Kennlinien . . . . S. 87

      5.62 Vergleich der Verluste . . . . S. 90

      5.63 Vergleich der besonderen Eigenschaften . . . . S. 93

      5.64 Folgerungen für die Typenwahl . . . . S. 94

6. Anlauf, Bremsen und Reversieren . . . . S. 95

7. Drehstrom-Gleichstrom-Steuersatz in einphasiger
   Anordnung . . . . S. 98

   7.1 Aufbau und Wirkungsweise . . . . S. 98

   7.2 Zeitlicher Verlauf der Spannungen und Ströme . . . . . . S. 100

   7.3 Vergleich von Einphasen- und Dreiphasenbetrieb . . . . . S. 101

8. Die verschiedenen Verfahren zur Drehzahlsteuerung
   mit Gleichstrom-Hintermaschine . . . . S. 111

   8.1 Technischer Vergleich . . . . S. 111

   8.2 Wirtschaftlicher Vergleich . . . . S. 113

9. Zusammenfassung . . . . S. 116

   Literatur . . . . S. 118

Verwendete Größen und Bezeichnungen

VM	Vordermaschine
GL	Gleichrichter
GHM	Gleichstrom-Hintermaschine
IHM	Induktions-Hintermaschine
R_1	Ständerwiderstand
$X_{1\sigma} = \omega_1 \cdot L_{1\sigma}$	Ständerstreureaktanz
$X_h = \omega_1 \cdot L_h$	Ständernutzreaktanz
R_2	Läuferwiderstand
$X_{2\sigma} = \omega_1 \cdot L_{2\sigma}$	Läuferstreureaktanz
$W_1 = \xi_1 \cdot w_1$	Effektive Ständerwindungszahl
$W_2 = \xi_2 \cdot w_2$	Effektive Läuferwindungszahl
m_1, m_2	Phasenzahl von Ständer und Läufer
U V W, u v w	Ständer- und Läuferphasen und -zonen
R_D, R_{SP}	Durchlaß- und Sperrwiderstand des GL
$V_{ua}, V_{ub}, V_{va}, V_{vb}, V_{wa}, V_{wb}$	Ventile des Gleichrichters
R_g; $R = b_r \cdot R_g$	Ankerkreiswiderstand der GHM
R_{gd}; $R_d = b_r \cdot R_{gd}$	Rotationsreaktanz
$R_s = R_2 + R$	Läuferkreiswiderstand
r	Erregerkreiswiderstand der GHM
L_g	Ankerkreisinduktivität der GHM
w_o	Windungszahl der Erregerwicklung der GHM
w_z	Windungszahl der Reihenschlußwicklung der GHM
b_u, b_i, b_r	Brückenumrechnungsfaktoren des GL
U_U, U_V, U_W	Klemmenspannungen des Ständers
I_U, I_V, I_W	Ständerströme
U_u, U_v, U_w	Klemmenspannungen des Läufers
E_u, E_v, E_w	Induzierte Spannungen des Läufers

I_u, I_v, I_w	Läuferströme
U_1, I_1, E_1	Ständergrößen bei einphasiger Darstellung
U_2, I_2, E_2	Läufergrößen bei einphasiger Darstellung
i_D, u_D	Strom und Spannung des GL in Durchlaßrichtung
i_{Sp}, u_{Sp}	Strom und Spannung des GL in Sperrichtung
U_S	Schleusenspannung des GL
$i_{ua}, i_{ub}, i_{va},$ i_{vb}, i_{wa}, i_{wb}	Ventilströme des GL
u_g	Augenblickswert der Gleichspannung
U_g	Arithmetischer Mittelwert der Gleichspannung
i_g	Augenblickswert des Gleichstromes
$I_g; I_2 = b_i \cdot I_g$	Effektivwert des Gleichstromes
$E_g; E = b_u \cdot E_g$	Induzierte Spannung der GHM (Fremdspannung)
i	Erregerstrom der GHM
i_k	Kurzschlußstrom des GL
$\ddot{u}$	Kommutierungsdauer beim GL
α	Verdrehungswinkel des Läufers der VM
$f_1, \omega_1, f_2, \omega_2$	Ständer- und Läuferfrequenz
φ_1, φ_2	Ständer- und Läufer"zeit"
T_1, T_2	Periodendauer von Ständer- und Läuferstrom
T	Periodendauer der Ständerstromverzerrung
$a_1, a_2; A_1, A_2$	Ständer- und Läuferstrombelag
s	Schlupf der kurzgeschlossenen Maschine
s'	Schlupf des Steuersatzes
N_δ	Luftspaltleistung
N_{VD}, N_{VSp}	Verluste des GL

1. Einführung

Die Drehzahl von Induktionsmaschinen mit Schleifringläufer läßt sich steuern, wenn man in den Läuferkreis der Induktionsmaschine eine veränderliche Fremdspannung einführt. Dies stößt auf Schwierigkeiten, da die Frequenz der Fremdspannung, die eine Hintermaschine liefert, mit der Frequenz der Läuferspannung übereinstimmen muß. Letztere ist aber drehzahlabhängig. Man kann also mit einer Hintermaschine nur steuern, wenn sich die Frequenz ihrer Klemmenspannung in der gleichen Weise mit der Drehzahl ändert oder die Läuferfrequenz drehzahlunabhängig gewandelt wird. Gleichzeitig muß die Hintermaschine in der Lage sein, die an sie abgegebene Schlupfleistung entweder dem speisenden Netz oder der Welle der Induktionsmaschine wieder zuzuführen. Das Problem wird durch Verwendung von Drehstromkommutator- oder Gleichstrom-Hintermaschinen gelöst. Im zweiten hier interessierenden Fall müssen also die Drehstromgrößen (Schlupffrequenz) in Gleichstromgrößen (Frequenz Null) gewandelt werden, ehe sie der Hintermaschine zugeführt werden können. Die hierzu benutzten Umformer sind durch die historische Entwicklung bedingt. So führt der Weg vom Einankerumformer über den Quecksilberdampfgleichrichter zum Trockengleichrichter [1...5].

Sinn dieser Arbeit ist es, das jüngste Entwicklungsstadium zu untersuchen und zu beschreiben. Es ist zu prüfen, inwieweit der Trockengleichrichter seine Vorläufer ersetzen kann und inwiefern er besser oder schlechter ist. Um diese Vorhaben vollständig durchführen zu können, muß man zunächst grundsätzlich das Verhalten eines Drehstrom-Gleichstrom-Steuersatzes mit Trockengleichrichter untersuchen und anschließend die verschiedenen Steuerungsverfahren vergleichen. Die Arbeit umfaßt die theoretische und experimentelle Untersuchung des Steuersatzes in Einwellen- und Zweiwellen-Anordnung, die beide in Abbildung 1.a und 1.b dargestellt sind. Sie unterscheiden sich dadurch, daß bei der Einwellen-Anordnung (1W) die Gleichstrom-Hintermaschine (GHM) mechanisch mit der Induktions-Vordermaschine (VM) gekuppelt ist, während sie bei der Zweiwellen-Anordnung (2W) eine weitere Induktionsmaschine (IHM) antreibt. Die Drehzahlsteuerung erfolgt mit Hilfe der GHM-Erregung. Sie ist - bedingt durch den Trockengleichrichter - auf den untersynchronen Bereich beschränkt.

Um das Drehzahlverhalten der Anordnungen beschreiben zu können, werden zunächst die Gleichungen für den Läuferstrom aufgestellt, woraus sich eine neue Parametrierung der Ortskurve ergibt. Mit ihrer Hilfe ist es auf einfache Weise möglich, den Drehmomentenverlauf für den ganzen Drehzahlbereich und die n/M-Kennlinien für den Nennbereich anzugeben. Zum Vergleich dienen experimentelle Untersuchungen.

Neben diesem äußeren Verhalten des Steuersatzes interessiert sein inneres Verhalten, weil sich daraus die Verzerrung der Netzströme bestimmen läßt. Oszillogramme der stationären und dynamischen Vorgänge unterstützen die Theorie.

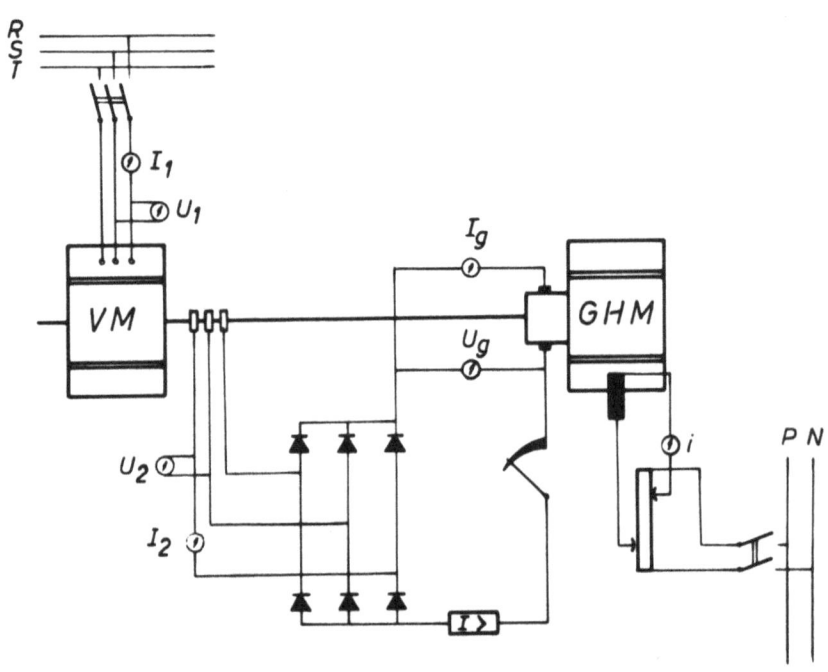

A b b i l d u n g 1.a
Die Einwellen-Anordnung

Um die verschiedenen Trockengleichrichter vergleichen zu können, die zur Zeit und in nächster Zukunft gebräuchlich sind, werden die Einflüsse des Gleichrichters auf die Wirkungsweise des Steuersatzes und sein Verhalten ermittelt. Die Ergebnisse bieten gleichzeitig die Möglichkeit, den Trockengleichrichter den anderen Umformungsgliedern gegenüberzustellen.

Zum Schluß wird der Steuersatz in einphasiger Anordnung beschrieben und in den wichtigsten Teilen untersucht.

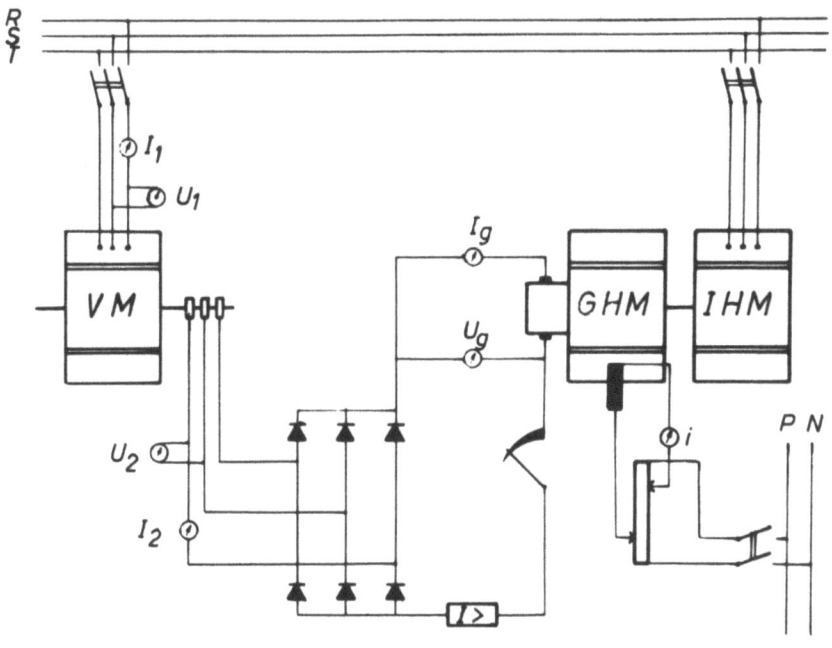

A b b i l d u n g   1.b
Die Zweiwellen-Anordnung

2. Äußeres Verhalten der Zweiwellen-Anordnung

2.1 Strom

2.11 Gleichungen

Um das äußere Verhalten der 2W feststellen zu können, werden zunächst Ständer- und Läuferstrom der VM in Abhängigkeit vom Schlupf und der eingeführten Fremdspannung (Leerlaufspannung der GHM) ermittelt. Hierzu bedient man sich eines Ersatzbildes, welches die VM und GHM zusammenfaßt und den Gleichrichter als idealen Schalter unberücksichtigt läßt (Abb. 2.11a).

Das Ersatzbild genügt, wenn man folgendes beachtet:

1. Ein Widerstand auf der Gleichstromseite einer Drehstrombrückenschaltung läßt sich in drei fiktive Widerstände auf der Drehstromseite umrechnen, die sich genau so verhalten, als wäre die VM mit drei symmetrischen Widerständen belastet. Ebenso ist die Umrechnung von Gleichspannung und -strom in Drehspannung und -strom möglich, wie im Abschnitt 5.1 gezeigt wird.

2. Es werden nur die sinusförmigen Grundwellen der durch den Gleichrichter verzerrten Ströme betrachtet.

In Abbildung 2.11a stellen $\dot{E}_1$ und $\dot{E}_2$ die vom Drehfeld in Ständer und Läufer induzierten Spannungen dar. $\dot{E}$ ist die nach 5.1 umgerechnete Fremdspannung, R der umgerechnete Ankerkreiswiderstand der GHM. Da das ganze System symmetrisch aufgebaut ist, läßt es sich für die Berechnung ersatzweise einphasig darstellen. Das Ersatzbild (Abb. 2.11b) gilt für die stationären Vorgänge. Alle Größen außer dem Erregerstrom i sind komplexe Zeiger. Den Zusammenhang zwischen E und i stellt die Leerlaufkennlinie der GHM dar. (Vgl. Abb. 2.22a).

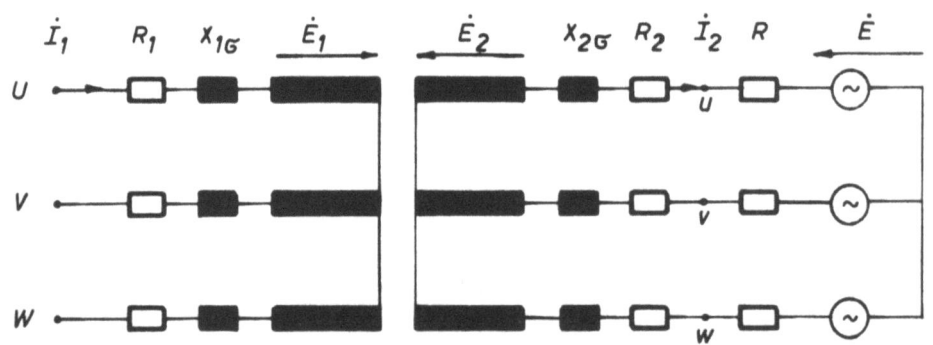

A b b i l d u n g 2.11a
Vereinfachtes Ersatzbild des Steuersatzes

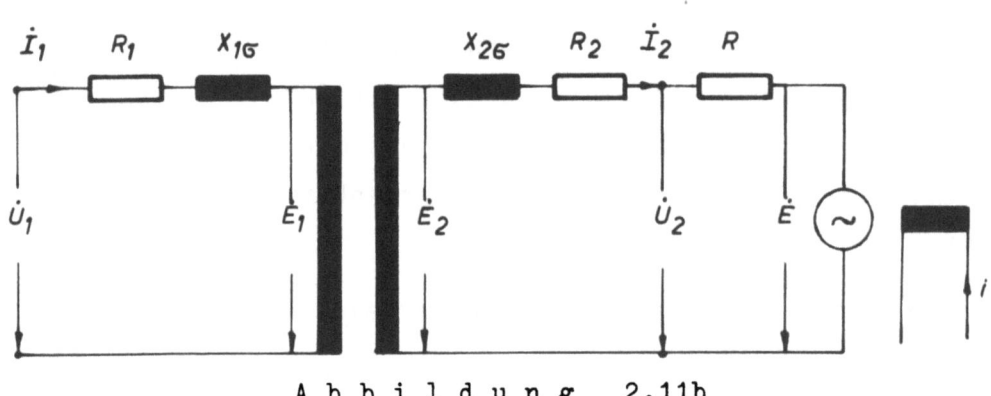

A b b i l d u n g 2.11b
Einphasiges Ersatzbild des Steuersatzes

Aus dem einphasigen Ersatzbild folgen die Spannungsgleichungen:

$$\dot{U}_1 - \dot{I}_1 \cdot R_1 - \dot{I}_1 \cdot jX_{1\sigma} - \dot{E}_1 = 0$$

$$\dot{E}_2 - \dot{I}_2 \cdot R_2 - \dot{I}_2 \cdot jX_{2\sigma} \cdot s - \dot{I}_2 \cdot R - \dot{E} = 0 \ .$$

Darin ist $\dot{E}_1 = j\omega_1 W_1 \dot{\Phi}_\mu = \dot{Z}_3 \dot{I}_\mu$ mit $W_1 = w_1 \cdot \xi_1$

$\dot{E}_2 = j\omega_2 \cdot W_2 \cdot \dot{\Phi}_\mu$ mit $W_2 = w_2 \cdot \xi_2$

also $\dfrac{E_1}{E_2} = \dfrac{W_1 \cdot \omega_1}{W_2 \cdot \omega_2} = \dfrac{W_1}{W_2} \cdot \dfrac{1}{s}$ mit $s = \dfrac{\omega_2}{\omega_1}$.

Für die Strombeläge im Luftspalt gilt

$$\dot{A}_1 = \dot{A}_2 + \dot{A}_\mu$$

mit $m_1 = m_2$ also

$$\dot{I}_1 \cdot W_1 = \dot{I}_2 \cdot W_2 + \dot{I}_\mu \cdot W_1 \ .$$

Mit

$$\dot{Z}_1 = R_1 + jX_{1\sigma}$$

$$\dot{Z}_2 = R + R_2 + jX_{2\sigma} \cdot s = R_S + jX_{2\sigma} \cdot s$$

$$\dot{Z}_3 = jX_{1h}$$

ergibt sich

$$\dot{U}_1 - \dot{I}_1 \cdot \dot{Z}_1 - \dot{E}_1 = 0$$

$$\dot{E}_2 - \dot{I}_2 \cdot \dot{Z}_2 - \dot{E} = 0$$

$$\dot{I}_1 \cdot W_1 - \dot{I}_2 \cdot W_2 - \dot{E}_1 \cdot \dfrac{W_1}{\dot{Z}_3} = 0$$

$$\dot{E}_2 \cdot W_1 - \dot{E}_1 \cdot W_2 \cdot s = 0 \ .$$

Hieraus erhält man Ständer- und Läuferstrom als Funktion von Schlupf s und Fremdspannung E zu

$$\boxed{\dot{I}_1 = \dfrac{\dot{U}_1\left[\left(\dfrac{W_2}{W_1}\right)^2 \cdot s + \dfrac{\dot{Z}_2}{\dot{Z}_3}\right] - \dot{E} \cdot \dfrac{W_2}{W_1}}{\dot{Z}_1 \cdot \left(\dfrac{W_2}{W_1}\right)^2 \cdot s + \dot{Z}_2 \cdot \dfrac{\dot{Z}_1 + \dot{Z}_3}{\dot{Z}_3}}} \qquad (2.11a)$$

$$\boxed{\dot{I}_2 = \dfrac{\dot{U}_1 \cdot \dfrac{W_2}{W_1} \cdot s - \dot{E} \cdot \dfrac{\dot{Z}_1 + \dot{Z}_3}{\dot{Z}_3}}{\dot{Z}_2 \cdot \dfrac{\dot{Z}_1 + \dot{Z}_3}{\dot{Z}_3} + \left(\dfrac{W_2}{W_1}\right)^2 \cdot \dot{Z}_1 \cdot s}} \qquad (2.11b)$$

2.12 Ortskurve

Um Drehmoment und Leistung in Abhängigkeit von s und E darstellen zu können, müssen zunächst Ortskurven und Größe des Läuferstromes bestimmt werden.

Mit $\dot{Z}_1 \ll \dot{Z}_3$ läßt sich Gleichung (2.11b) vereinfachen zu

$$\dot{I}_2 = \frac{\dot{U}_1 \cdot \frac{W_2}{W_1} \cdot s - \dot{E}}{\dot{Z}_2 + \left(\frac{W_2}{W_1}\right)^2 \cdot \dot{Z}_1 \cdot s}$$

$$\dot{I}_2 = \frac{\dot{U}_1 \cdot \frac{W_2}{W_1} - \dot{E}}{R_s + s \cdot \left[\left(\frac{W_2}{W_1}\right)^2 \cdot R_1 + j\left\{\left(\frac{W_2}{W_1}\right)^2 \cdot X_{1\sigma} + X_{2\sigma}\right\}\right]}$$

Reduziert man hierin die Primärgrößen auf die Sekundärseite und führt den Widerstand $\dot{Z} = f(s)$ ein, so erhält man

(2.12a) $\qquad \boxed{\dot{I}_2 = \frac{\dot{U}_1' \cdot s - \dot{E}}{\dot{Z}}} \qquad\qquad \boxed{\dot{I}_2 \cdot \dot{Z} + \dot{E} = \dot{U}_1' \cdot s} \qquad$ (2.12b)

mit

$$\dot{U}_1' = \dot{U}_1 \cdot \frac{W_2}{W_1} \quad;\quad R_1' = R_1 \cdot \left(\frac{W_2}{W_1}\right)^2 \quad;\quad X_{1\sigma}' = X_{1\sigma} \cdot \left(\frac{W_2}{W_1}\right)^2$$

$$X_\sigma = X_{1\sigma}' + X_{2\sigma} \quad;\qquad \dot{Z} = R_s + s \cdot (R_1' + j X_\sigma) \quad.$$

In den Gleichungen (2.12) stellt $\dot{E}$ einen Zeiger dar, der in die gleiche Richtung weist wie $\dot{I}_2$, da die Fremdspannung $\dot{E}$ immer dieselbe Phasenlage hat wie der Läuferstrom $\dot{I}_2$. (vergl. Abschn. 4.1).

Um die Ortskurve für $\dot{I}_2$ zu bestimmen, wird zunächst das Zeigerbild der Gleichung (2.12) dargestellt (Abb.2.12a), da eine besondere Schwierigkeit darin besteht, daß $\dot{E}$ zwar dem Betrage nach unabhängig von $\dot{I}_2$ ist, nicht aber der Richtung nach.

Zerlegt man den Strom $\dot{I}_2$ in zwei Ströme nach $\dot{I}_2 = \dot{I}_{2a} - \dot{I}_{2b}$

$$\text{mit} \quad \dot{I}_{2a} = \frac{\dot{U}_1' s}{\dot{Z}} \quad \text{und} \quad \dot{I}_{2b} = \frac{\dot{E}}{\dot{Z}} \quad,$$

so läßt sich einfach die Ortskurve für $\dot{I}_{2a}$ darstellen. Sie entspricht der Ortskurve für den Sekundärstrom einer kurzgeschlossenen Induktionsmaschine und ist ein Kreis mit dem Schlupf s als Parameter. Sie ergibt sich durch Inversion der Ortskurve für $\frac{\dot{Z}}{s}$, die eine Gerade ist (Abb.2.12b).

Daraus erhält man die Ortskurve für $\dot{I}_2$, indem man für jedes s und E den entsprechenden Wert $\dot{I}_{2b}$ von $\dot{I}_{2a}$ subtrahiert. Der Winkel zwischen $\dot{I}_{2a}$

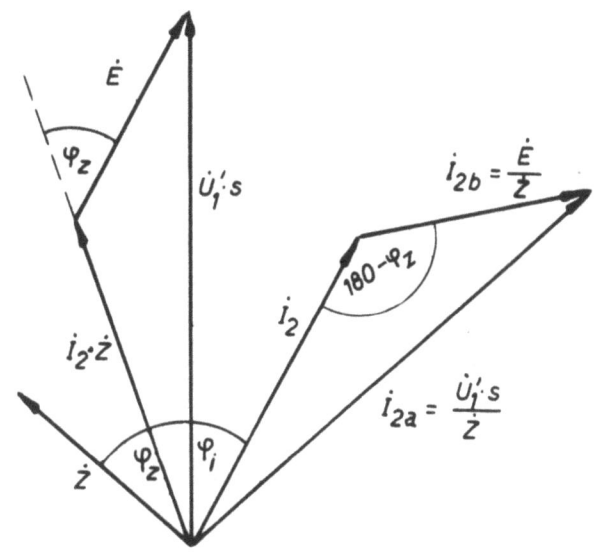

Abbildung 2.12a

Zeigerbild des Läuferstromes

und $\dot{I}_{2b}$ läßt sich nach Abbildung 2.12a bestimmen: Da $\dot{I}_2$ und $\dot{E}$ gleiche Richtung haben, schließt $\frac{E}{Z}$ mit $\dot{I}_2$ den Winkel φ_z ein. Die Lage von $\dot{I}_2$ und $\dot{I}_{2b}$ zueinander ist also durch die Lage von $\dot{Z} = f(s)$ bestimmt. Für jeden Schlupf s, d.h. jeden Wert von $\dot{I}_{2a}$ erhält man $\dot{I}_2$, indem man über $\dot{I}_{2a}$ ein Dreieck mit dem Spitzenwinkel $180^\circ - \varphi_z$ zeichnet, von dem außer dem Spitzenwinkel noch zwei Seiten bekannt sind, nämlich $\dot{I}_{2a}$ und $\dot{I}_{2b}$. Für

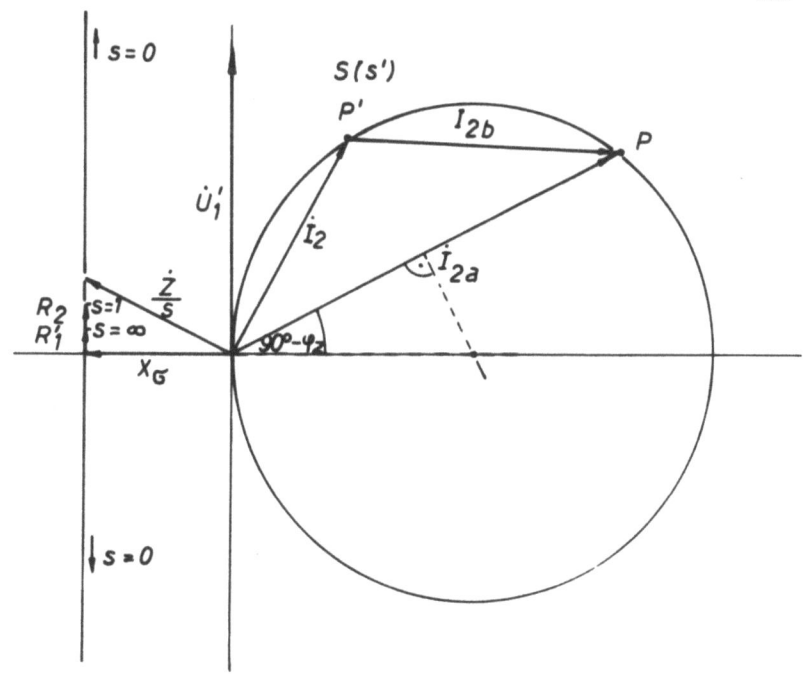

Abbildung 2.12b

Zur Konstruktion der Ortskurve des Läuferstromes

die Konstruktion gilt, daß in einem Kreis alle Dreiecke über einer Sehne gleiche Spitzenwinkel γ haben und der Winkel zwischen Sehne und Radius $\delta = \gamma - 90°$ beträgt.

In unserem Falle ist $\dot{I}_{2a}$ die Sehne eines noch zu bestimmenden Kreises. Der Spitzenwinkel beträgt $\gamma = 180° - \varphi_z$. Also ergibt sich der Mittelpunkt des gesuchten Kreises als Schnittpunkt zwischen Mittelsenkrechter auf $\dot{I}_{2a}$ und freiem Schenkel des Winkels $\delta = \gamma - 90° = 90° - \varphi_z$. Da aber $90° - \varphi_z$ der Winkel zwischen dem Durchmesser des Ortskurvenkreises für $\dot{I}_{2a}$ und der Sehne $\dot{I}_{2a}$ ist, ist der Kreis für $\dot{I}_{2a}$ der gesuchte. $\dot{I}_2$ liegt auf dem gleichen Ortskurvenkreis wie $\dot{I}_{2a}$. Die Ortskurven für den Steuersatz und und die kurzgeschlossene Maschine sind also identisch, lediglich die Parametrierung muß sich in Abhängigkeit von E ändern (Abb. 2.12b).

Unter kurzgeschlossener Maschine, "K-Maschine", wird in Zukunft stets die VM mit GHM und idealem Gleichrichter verstanden, wobei die eingeführte Fremdspannung E = 0 ist. Der Widerstand der K-Maschine vergrößert sich gegenüber dem der tatsächlich an den Schleifringen kurzgeschlossenen Maschine um R zu $R_S = R_2 + R$.

Ergebnis:

Man erhält die Ortskurve des Läuferstromes $\dot{I}_2$ für eine bestimmte Fremdspannung E, indem man zunächst die Ortskurve der K-Maschine mit ihrem Parameter s zeichnet. Ein Kreis mit $\dot{I}_{2b}$ um den Punkt P ergibt den Schnittpunkt P', der den Betriebspunkt des Steuersatzes für den Schlupf s' darstellt. Ihm entspricht ein Schlupf s der K-Maschine (vgl. Abb. 2.12b).

2.2 Neue Parametrierung

2.21 GHM fremd erregt ohne RW

Die graphische Konstruktion der neuen Parameterwerte läßt sich umgehen, wenn man einen analytischen Zusammenhang zwischen dem Schlupf s' des Steuersatzes und dem Schlupf s der K-Maschine findet.

Der Läuferstrom der K-Maschine gehorcht der Gleichung $I_{2a} = \dfrac{U'_1 \cdot s}{\dot{Z}}$, der Strom des Steuersatzes der Gleichung $\dot{I}_2 = \dfrac{\dot{U}'_1 \cdot s}{\dot{Z}} - \dfrac{\dot{E}}{\dot{Z}}$.

Da die Ortskurve für $\dot{I}_2$ ein Kreis ist, kann man die Abhängigkeit $\dot{I}_2 = f(s,E)$ durch einen Ersatzwiderstand $\dot{Z}'$ und einen Ersatzschlupf s' darstellen, also

$$\dot{I}_2 = \dot{U}'_1 \cdot \frac{s'}{\dot{Z}} .$$

Der Widerstand $\dot{Z}'$ ergibt sich aus der Bedingung, daß $\dot{E}$ phasengleich mit $\dot{I}_2$ ist. Dann folgt aus Gleichung (2.12b)

$$\dot{I}_2 \left(\dot{Z} + \frac{\dot{E}}{\dot{I}_2} \right) = \dot{U}_1' \cdot s'$$

$$\dot{I}_2 = \frac{\dot{U}_1' \cdot s'}{\dot{Z} + \frac{\dot{E}}{\dot{I}_2}}$$

also

$$\dot{Z}' = R_s + \left(R_1' + j X_G \right) \cdot s' + \frac{E}{\dot{I}_2}$$

Bedenkt man nun, daß für einen bestimmten Kreispunkt P der Strom $\dot{I}_{2a}$ bei dem Schlupf s und der Strom $\dot{I}_2$ bei dem Schlupf s' einander gleich sind, so läßt sich aus $\dot{I}_{2a} = \dot{I}_2$ die gesuchte Abhängigkeit s'=f(s,E) ermitteln.

$$\dot{I}_{2a} = \dot{I}_2 \longrightarrow \frac{\dot{Z}'}{s'} = \frac{\dot{Z}}{s}$$

Mit $\dot{Z} = R_s + \left(R_1' + j X_G \right) \cdot s$ folgt daraus

$$\frac{R_s}{s'} + \frac{E}{\dot{I}_2 \cdot s'} + R_1' + j X_G = \frac{R_s}{s} + R_1' + j X_G$$

$$\frac{R_s}{s} = \frac{R_s}{s'} + \frac{E}{\dot{I}_2 \cdot s'}$$

$$s' = s + s \cdot \frac{E}{R_s \cdot \dot{I}_2} \qquad (2.21a)$$

Ersetzt man hierin I_2 durch I_{2a}, so ergibt sich mit

$$I_{2a} = \frac{U_1'}{\sqrt{\left(\frac{R_s}{s} + R_1' \right)^2 + X_G^2}}$$

$$s' = s + \frac{E \cdot s}{U_1' \cdot R_s} \cdot \sqrt{\left(\frac{R_s}{s} + R_1' \right)^2 + X_G^2}$$

$$\boxed{s' = s + \frac{E}{U_1'} \cdot \sqrt{\left(1 + \frac{R_1'}{R_s} \cdot s \right)^2 + \left(\frac{X_G}{R_s} \cdot s \right)^2}} \qquad (2.21b)$$

Hiernach kann man für jeden Betriebspunkt der K-Maschine bei bekanntem Schlupf s den zugehörigen Schlupf s' des Steuersatzes in Abhängigkeit von der Fremdspannung E angeben. Abbildung 2.21a veranschaulicht Gleichung (2.21b). Als Parameter für die Kurven dient das Verhältnis der Fremdspannung zur reduzierten Ständerspannung $\lambda = \frac{E}{U_1'}$. Für $\lambda = 0$ entspricht der Satz in seinem Verhalten der K-Maschine, da die GHM nur wie ein zusätzlicher Widerstand im Läuferkreis wirkt. Mit zunehmendem λ verschieben sich die Kurven nach oben und nehmen zugleich eine größere Steigung an.

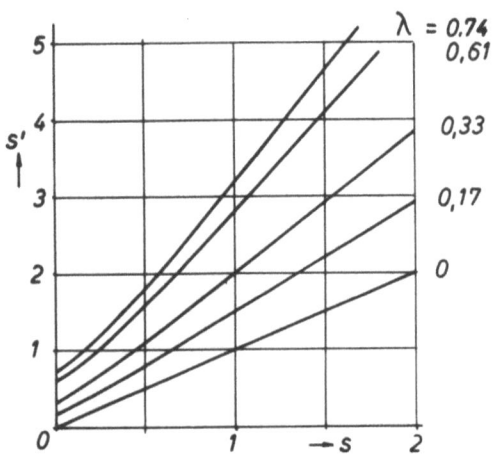

Abbildung 2.21a

Schlupf der 2W, GHM fremd erregt ohne RW

Charakterisiert man den Leerlauf dadurch, daß s=0 und damit $I_2=0$ ist, so tritt der Leerlauf mit zunehmender Fremdspannung bei größeren Schlupfwerten auf. Für den jeweiligen "Leerlaufschlupf" gilt

$$s'(0) = \frac{E}{U_1'} = \lambda \qquad (2.21c)$$

Durch geeignete Wahl von E zwischen Null und U_1' lassen sich alle Werte des Leerlaufschlupfs zwischen Null und 1 einstellen. Das bedeutet für die Steuerbarkeit des Satzes: Die 2W ist mit vernünftigen Mitteln, d.h. mit nicht zu großer Fremdspannung, bis zum Stillstand steuerbar. Umgekehrt kann ohne Hilfsmittel vom Stillstand aus angefahren werden (vgl. Abschn. 7).

Um eine anschauliche Vorstellung von der neuen Parametrierung zu bekommen, sind in Abbildung 2.21b die Ortskurven des Läuferstromes für verschiedene λ dargestellt. Die oberste Ortskurve für $\lambda = 0$ entspricht der Orts-

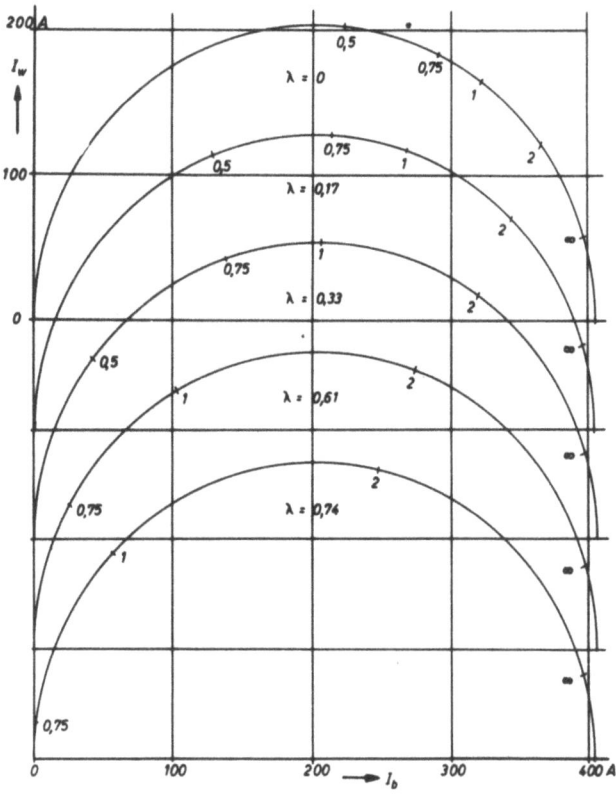

Abbildung 2.21b

Zur Veranschaulichung der neuen Parametrierung bei der Zweiwellen-Anordnung

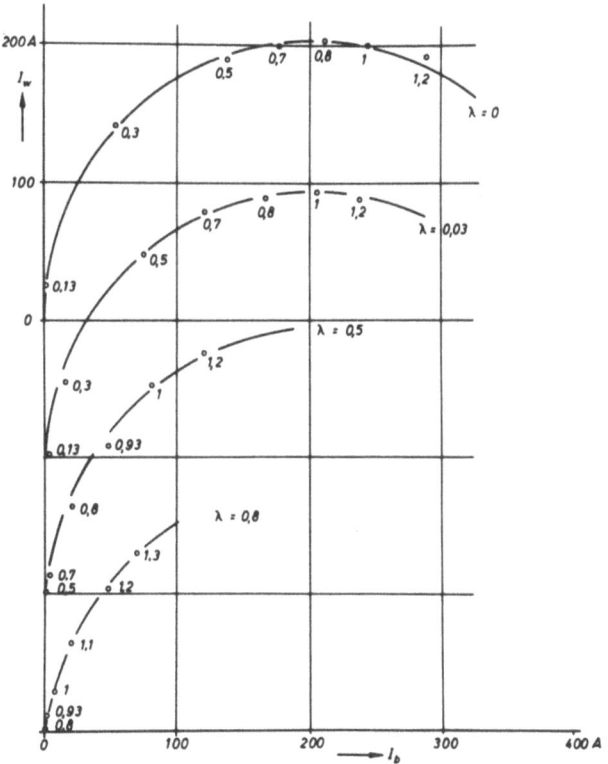

Abbildung 2.21c

Experimentell ermittelte Ortskurven der Zweiwellen-Anordnung

kurve der K-Maschine. Der große ungewohnte Abstand des Stillstandspunktes (s=1) vom Unendlichkeitspunkt (S=∞) ist auf den erhöhten Widerstand im Läuferkreis zurückzuführen. Mit wachsendem λ bewegen sich die Parameterwerte nach links. Die Verschiebung ist die gleiche, die auch eine Vergrößerung des Läuferkreiswiderstandes zufolge hätte. Nur würde bei Widerstandsvergrößerung im Ursprung immer der Wert s=0 erhalten bleiben, während jetzt der Ursprung alle s'-Werte annehmen kann. Der Stillstandspunkt verschiebt sich, während der Unendlichkeitspunkt für alle λ der gleiche bleibt. Denn für $S=\infty$ wird auch $s' = \infty$, unabhängig von λ.

Zum Vergleich wurden die Ortskurven experimentell aufgenommen (Abb.2.21c). Sie zeigen die besprochenen Eigenschaften der theoretischen Ortskurven. Dabei wurde $\lambda = 0$ durch Gegenerregung erzielt. $\lambda = 0,03$ stellt die Ortskurve für die Remanenzspannung $E_{g\,rem} = 8,5$ V der GHM dar.

2.22 GHM fremd erregt mit RW

Bei Einführung einer Reihenschlußwicklung (RW) ist die Fremdspannung nicht mehr konstant sondern belastungsabhängig. Den Zusammenhang zwischen Erregerdurchflutung und induzierter Spannung liefert die Leerlaufkennlinie der GHM. Da sie infolge der Sättigung gekrümmt ist, wird eine mathematische Erfassung des Belastungseinflusses auf die Fremdspannung kompliziert. Man umgeht diese Schwierigkeit, wenn man die Leerlaufkennlinie durch Gerade nähert, wie es in Abbildung 2.22a durchgeführt ist.

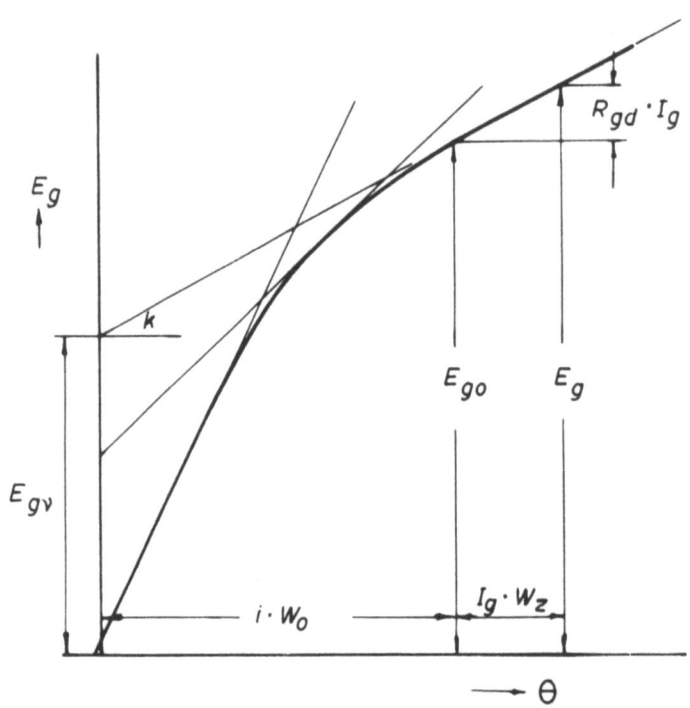

A b b i l d u n g   2.22a
Näherung der Leerlauf-Kennlinie der GHM durch Gerade

Ist E_g der Ordinaten-Nullwert und k die Steigung der Geraden, so gilt für jede Gerade

$$E_g = k_1 \cdot n \, (\Phi_\nu + c_\nu \cdot \Theta)$$

$$= E_{g\nu} + k \cdot \Theta$$

$$\Theta = i \cdot w_o + I_g \cdot w_z$$

$$E_g = k_1 \cdot n \, (\Phi_\nu + c_\nu \cdot w_o \cdot i + c_\nu \cdot w_z \cdot I_g)$$

$$= k_1 \cdot n \cdot \Phi_0 + k_1 \cdot n \cdot c_\nu \cdot w_z \cdot I_g$$

$$= E_{go} + R_{gd} \cdot I_g \quad .$$

Ersetzt man hierin die Gleichgrößen nach Abschnitt 5.1 durch Wechselgrößen, so ergibt sich

$$E = E_0 + R_d \cdot I_2 \quad .$$

Führt man E in Gleichung (2.12b) ein, so folgt mit dem neuen Ersatzbild nach Abbildung 2.22b der Läuferstrom zu

$$\dot{I}_2 = \frac{\dot{U}'_1 \cdot s' - \dot{E}_0}{R_d + \dot{Z}_2 + s' \cdot \dot{Z}'_1}$$

$$\dot{I}_2 = \frac{\dot{U}'_1}{\frac{R_d + R_s}{s'} + \frac{E_0}{I_2 \cdot s'} + R'_1 + j X_\sigma} \quad .$$

Aus der Gleichsetzung von $\dot{I}_2$ und $\dot{I}_{2a}$ ergibt sich hieraus gemäß Abschnitt 2.21 der neue Schlupf $s'=f(s)$:

$$\frac{R_d + R_s}{s'} + \frac{E_0}{I_2 \cdot s'} = \frac{R_s}{s}$$

$$\boxed{s' = \frac{R_d + R_s}{R_s} \cdot s + \frac{E_0}{U'_1} \cdot \sqrt{\left(1 + s \frac{R'_1}{R_s}\right)^2 + \left(s \cdot \frac{X_\sigma}{R_s}\right)^2}} \quad (2.22)$$

<u>Mit ZRW</u>: Führt man eine Zusatzreihenschlußwicklung (ZRW) ein, so vergrößert der Strom I_g bei Zunahme die Durchflutung der GHM.

In $\Theta = i \cdot w_o + I_g \cdot w_z$ ist die Windungszahl der Reihenschlußwicklung w_z positiv einzuführen. Damit wird auch der Rotationswiderstand R_d positiv. Gleichung (2.22), die für positives R_d gilt, wird in **Abbildung 2.22c** dargestellt.

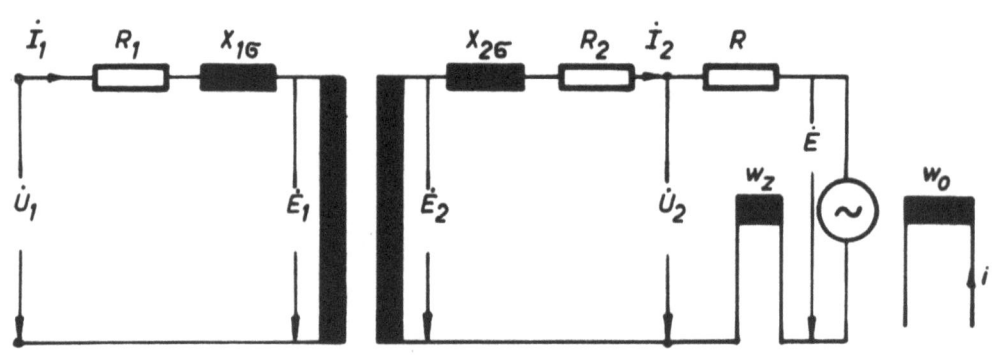

A b b i l d u n g   2.22b
Ersatzbild bei fremd erregter GHM mit RW

Die Kurven zeigen einen stärkeren Anstieg als die entsprechenden Kurven ohne RW, da die ZRW im Sinne einer Fremdspannungserhöhung wirkt. Liegt der Arbeitspunkt - eingestellt durch den Erregerstrom i - auf dem unteren linearen Teil der Leerlaufkennlinie, so ist infolge der größeren Steigung der Einfluß der ZRW größer (Kurven für λ = 0; 0,17; 0,33).

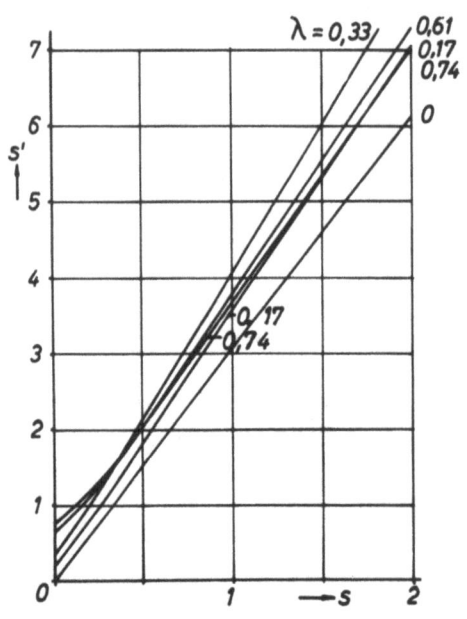

A b b i l d u n g   2.22c
Schlupf der 2W, GHM fremd erregt mit ZRW

Liegt er auf dem gekrümmten oberen Teil, so ist der Einfluß der ZRW kleiner (Kurven für λ = 0,61 und 0,74). Abbildung 2.22d stellt den Einfluß für verschiedene Arbeitspunkte dar.

<u>Mit GRW:</u> Bei einer Gegenreihenschlußwicklung (GRW) verkleinert I_g bei Zunahme die Erregerdurchflutung der GHM. w_z und damit R_d sind negativ einzuführen. Abbildung 2.22e zeigt den Kurvenverlauf.

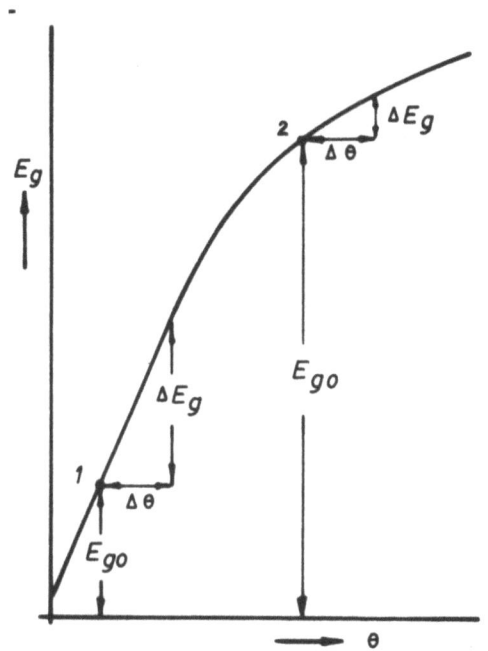

Abbildung 2.22d
Einfluß der RW in Abhängigkeit vom Arbeitspunkt

Die Kurven steigen schwächer als die ohne RW, da die GRW im Sinne einer Fremdspannungserniedrigung wirkt. Auch hier ist der Einfluß von der Lage des Arbeitspunktes abhängig. Bei den Kurven für λ = 0,74 und 0,61 ist der Einfluß nur schwach. Bei den Kurven für λ = 0,52; 0,33 und 0,17 ist der Einfluß so stark, daß sie waagerecht oder abfallend verlaufen. Im negativen Bereich haben die Kurven keine Bedeutung, da sich für s' < 0, d.h. übersynchrone Drehzahlen, die Fremdspannung umkehrt und über den Gleichrichter kurzschließt.

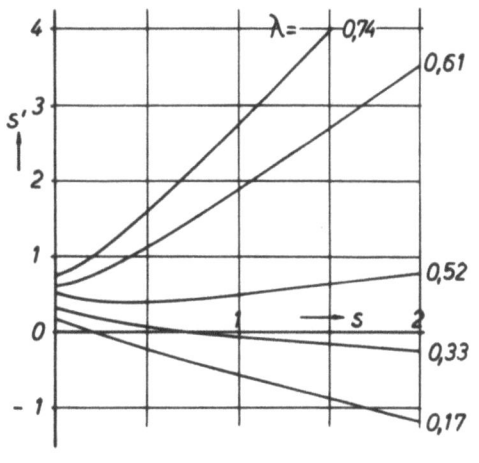

Abbildung 2.22e
Schlupf der 2W, GHM fremd erregt mit GRW

2.23 GHM im Nebenschluß erregt

Um von einem Gleichstromnetz unabhängig zu sein, kann man die GHM im Nebenschluß betreiben. Das Ersatzbild für diese Anordnung zeigt Abbildung 2.23a. Der Erregerstrom ist nicht mehr konstant sondern von der Spannung U_2 abhängig. Um eine Rechnung zu ermöglichen, wird die Leerlaufkennlinie der GHM wieder durch Gerade genähert (Abb. 2.22a). Für die Fremdspannung E_g gilt dann

$$E_g = k_1 \cdot n \cdot \Phi_\nu + k_1 \cdot n \cdot c_\nu (w_0 \cdot i + w_z I_g)$$

$$i \cdot r = I_g \cdot R_g + E_g$$

$$E_g = E_{g\nu} + k \cdot w_0 \frac{E_g}{r} + k \left(w_0 \frac{R_g}{r} + w_z \right) \cdot I_g$$

$$E_g = \frac{E_{g\nu}}{1 - k \cdot \frac{w_0}{r}} + \frac{k \left(R_g \frac{w_0}{r} + w_z \right)}{1 - k \cdot \frac{w_0}{r}} \cdot I_g \quad .$$

Für reinen Nebenschluß ($w_z = 0$) folgt daraus mit

$$E_{go} = \frac{E_{g\nu}}{1 - k \frac{w_0}{r}} \quad \text{und} \quad R_{gd} = \frac{R_g}{\frac{r}{k \cdot w_0} - 1}$$

$$E_g = E_{go} + R_{gd} \cdot I_g \quad .$$

Nach Abschnitt 5.1 wird hieraus

$$E = E_o + R_d \cdot I_2$$

Die Gleichung entspricht in ihrem Aufbau der Gleichung für die fremd erregte GHM mit RW (vgl. Abschn. 2.22). Man erhält also dieselbe Glei-

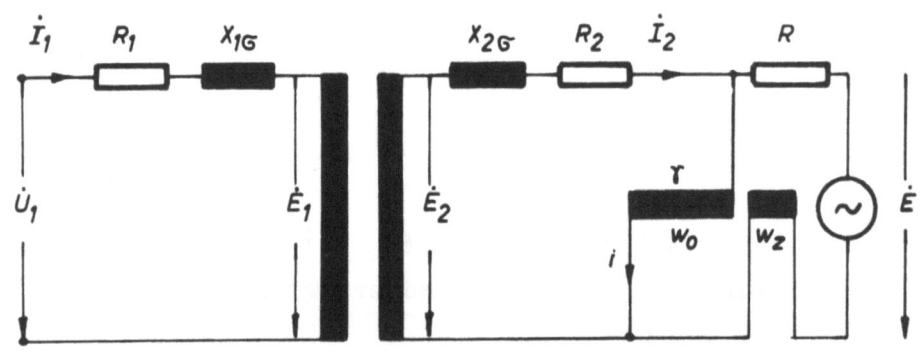

A b b i l d u n g   2.23a

Ersatzbild bei im Nebenschluß erregter GHM

chung für den Schlupf (Gl. 2.22) mit den neuen Größen E_o und R_d. Nach Abbildung 2.23b verlaufen die Kurven ähnlich wie die der fremd erregten Anordnung mit ZRW. Geht man vom Leerlauf aus, so muß der gewünschte Leerlaufschlupf nach $s' = \frac{E_o}{U_1}$ mit E_o eingestellt werden. Wie beim normalen Gleichstrom-Nebenschluß-Generator erhält man E_o als Schnittpunkt zwischen Leerlauf-Kennlinie und Widerstandsgerade der Nebenschlußwicklung. Ein variabler Vorwiderstand zur Nebenschlußwicklung stellt jetzt das Verhältnis $\lambda = \frac{E_o}{U_1}$ her, nach dem zum Vergleich die Kurven bezeichnet sind.

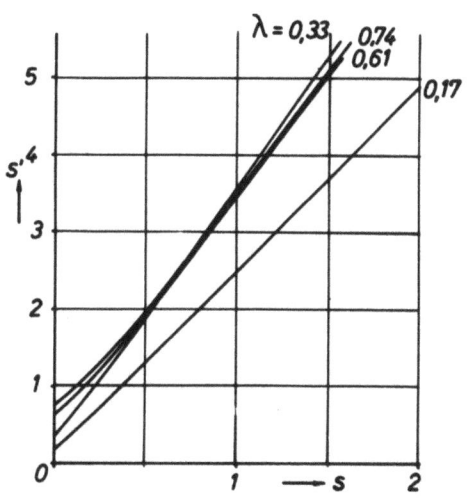

Abbildung 2.23b

Schlupf der 2W, GHM im Nebenschluß erregt

Führt man noch eine RW ein, so ändert sich mit w_z auch R_{gd} nach

$$R_{gd} = \frac{R_g + \frac{w_z}{w_o} \cdot r}{\frac{r}{k \cdot w_o} - 1}$$

Wie schon an der fremd erregten Anordnung betrachtet, bedingt positives w_z (ZRW) steileren, negatives w_z (GRW) flacheren Kurvenverlauf.

2.3 Drehmoment

2.31 Allgemeine Ableitung

Die Leistung, die dem Läuferkreis der VM zufließt, beträgt [6]

$$s \cdot N_b = m \cdot E_2 \cdot I_2 \cdot \cos \psi \quad .$$

Berücksichtigt man, daß $\dot{E}$ dieselbe Phasenlage hat wie $\dot{I}_2$, so läßt sich aus dem Zeigerbild des Läuferkreises (Abb. 2.31) die Beziehung

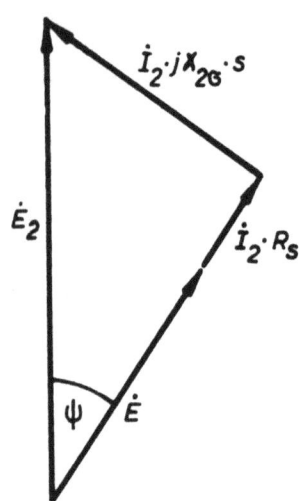

Abbildung 2.31
Zeigerbild des Läuferkreises

$$E_2 \cdot \cos\psi = E + I_2 \cdot R_s$$

ablesen. Damit wird

$$s \cdot N_6 = m \cdot (I_2^2 \cdot R_s + I_2 \cdot E) \quad .$$

Aus der bekannten Aufteilung der Luftspaltleistung

$$N_6 = s \cdot N_6 + (1-s) \cdot N_6$$

folgt die mechanische Leistung unter Vernachlässigung der Eisen- und Reibungsverluste zu

$$N_{mech} = (1-s) \cdot N_6$$

$$N_{mech} = \frac{1-s}{s} \cdot m \, (I_2^2 \cdot R_s + I_2 \cdot E) \quad .$$

Daraus ergibt sich das Drehmoment mit $n = n_1(1-s)$ zu

$$\boxed{M = \frac{m}{s\,2\pi n_1}(I_2^2 \cdot R_s + I_2 \cdot E)} \quad (2.31a)$$

Will man mit Hilfe der Gleichung (2.31a) das Moment des Steuersatzes bestimmen, so muß der Strom I_2 zunächst in Abhängigkeit von s und E ermittelt und dann in Gleichung (2.31a) eingesetzt werden. Dies ist zu umständlich.

Es wird folgendes Verfahren empfohlen: Da bei der 2W das Drehmoment nur von der VM gebildet wird, ist bei gegebener Netzspannung nur der Läuferstrom für die Momentbildung maßgeblich. Derselbe Strom liefert dasselbe Drehmoment, nur - und das ist entscheidend - je nach der Größe von E bei unterschiedlichen Drehzahlen. Es genügt also, das Moment der K-Maschine für einen Schlupf s mit Hilfe des zu s gehörigen Stromes I_{2a} zu bestimmen

$$M(s) = \frac{m}{s \cdot 2\pi n_1} \cdot I_{2a}^2 \cdot R_s \quad . \quad (2.31b)$$

Die $M = f(s')$-Abhängigkeit des Steuersatzes ergibt sich daraus, indem man den nach Gleichung (2.31b) ermittelten M-Werten andere Schlupfwerte nach $s' = f(s)$ zuordnet.

Zur Bestätigung dieser Überlegung wird der neue Schlupf s' (Gl. 2.21a) in Gleichung (2.31a) eingeführt.

$$M(s') = \frac{m}{2\pi n_1 \cdot s \cdot \left(1 + \frac{E}{I_2 \cdot R_s}\right)} \left(I_2^2 \cdot R_s + I_2 \cdot E\right)$$

$$= \frac{m}{2\pi n_1 s} \cdot \frac{I_2^2 \cdot R_s + I_2 \cdot E}{\frac{I_2^2 \cdot R_s + I_2 \cdot E}{I_2^2 \cdot R_s}}$$

$$= \frac{m}{2\pi n_1 s} \cdot I_2^2 \cdot R_s = M(s) \quad .$$

Das Moment des Steuersatzes für den Schlupf s' entspricht dem Moment der K-Maschine für den Schlupf s. Für den Strom gilt die gleiche Überlegung. Da sich Moment und Strom des Steuersatzes analytisch nur schwer bestimmen lassen, ist es am zweckmäßigsten, zunächst M und I_{2a} für die K-Maschine zu bestimmen. Daraus lassen sich sofort I_2 bzw. M=f(s') ermitteln, wenn s'=f(s,E) bekannt ist.

2.32 GHM fremd erregt ohne RW

Abbildung 2.32 stellt den Verlauf der Gleichung (2.31a) dar. λ dient auch hier als Parameter. Erhöhung der Fremdspannung bedingt eine Verschiebung der Kurven zu größeren Schlupfwerten. Es können also bei gleichen Momenten durch Änderung der Fremdspannung verschiedene Drehzahlen eingestellt werden, womit der Zweck des Steuersatzes erreicht ist. Es zeigt sich, daß sich die Kurven nicht nur parallel verschieben sondern auch stärker neigen, so daß bei größter Fremdspannung das weicheste Drehzahlverhalten auftritt. Das Kippmoment bleibt in seiner Größe erhalten, wie es bei gleichen Ortskurvenkreisen des Stromes der Fall sein muß.

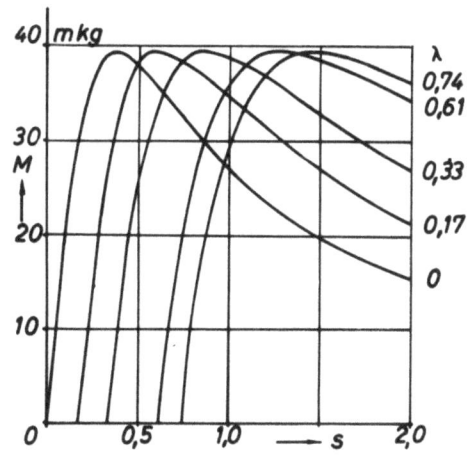

A b b i l d u n g   2.32
Drehmomentverlauf, GHM fremd erregt ohne RW

2.33 GHM fremd erregt mit RW

Zu dem Kurvenverlauf (Abb.2.33a u.b) ist grundsätzlich zu sagen, daß die berechneten Kurven nicht im ganzen Bereich zutreffen. Die der Berechnung zugrunde liegende Näherung der GHM-Leerlauf-Kennlinie durch Gerade gilt ohne Fehler natürlich nur in kleinen Bereichen. Wird der Einfluß der Zusatzerregung so groß, daß man den Bereich der für den Leerlauf gewählten Näherungsgeraden verläßt, so verläuft die berechnete Kurve in diesem Teil zu flach oder zu steil. Eigentlich müßte man von Bereich zu Bereich eine neue Näherungsgerade zugrunde legen. Damit würde aber das Berechnungsverfahren zu kompliziert, dessen Vorteil ja gerade seine Einfachheit ist. Die Grenzen des exakten Kurvenverlaufs lassen sich erfassen, wenn man den Strom I_g in Abhängigkeit von s aufträgt und mit Hilfe der Zusatzdurchflutung $\Theta_z = I_g \cdot w_z$ in der Leerlauf-Kennlinie feststellt, wie weit man ohne zu große Abweichungen gehen kann.

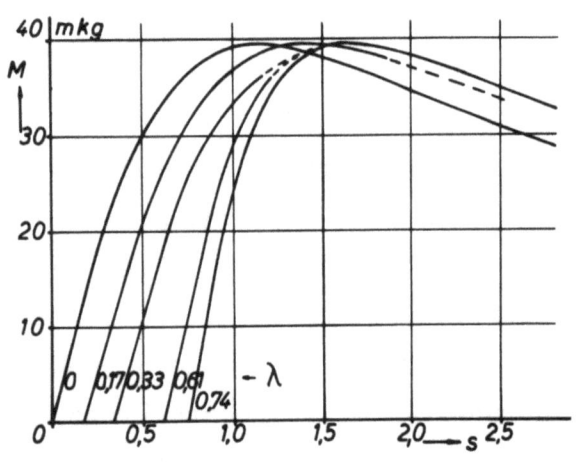 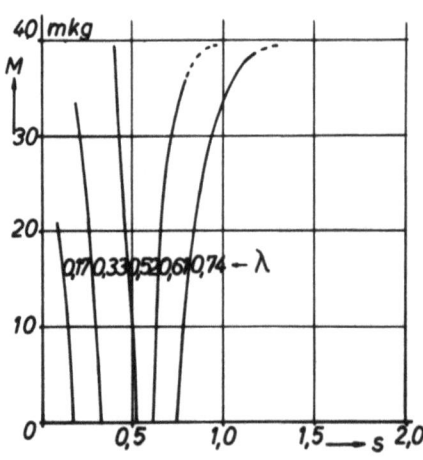

A b b i l d u n g   2.33a
Drehmomentverlauf,
GHM fremd erregt mit ZRW

A b b i l d u n g   2.33b
Drehmomentverlauf,
fremd erregt mit GRW

Mit ZRW: Die ZRW bedingt einen stärkeren Abfall der Kurven, also weicheres Drehzahlverhalten (Abb. 2.33a). Das ist einfach einzusehen, denn zunehmender Strom vergrößert die Fremdspannung. Die Kurven verschieben sich also in Richtung auf die Kurven größerer Fremdspannung ohne RW. Liegt der Arbeitspunkt auf dem gekrümmten Teil der GHM-Kennlinie (λ = 0,33 und 0,61), so wird bei zunehmender Last der Einfluß der ZRW schwächer als berechnet. Die tatsächlichen Kurven verlaufen im gestrichelten Bereich weniger abfallend.

<u>Mit GRW:</u> Die GRW bewirkt ein Anheben der Kurven, also härteres Drehzahlverhalten (Abb. 2.33b). Zunehmender Strom verkleinert die Fremdspannung. Die Kurven verschieben sich zu den Kurven kleinerer Fremdspannung ohne RW. Der Einfluß der GRW ist dann wieder am größten, wenn sich der Arbeitspunkt auf dem steilen Teil der GHM-Kennlinie befindet. Bei der untersuchten Maschine wurde der Betrieb instabil.

Wird I_g so groß, daß sich die Erregung umkehrt und die Fremdspannung negativ wird, so schließt sich die GHM - wie schon erwähnt - über den Gleichrichter kurz. Die Kurven brechen infolgedessen an diesem Punkt ab (Kurve für λ = 0,17; 0,33; 0,52 in Abbildung 2.33b und **gestrichelter** Bereich in Abbildung 2.33c).

Um den Einfluß der Windungszahl w_z darzustellen, wurde in Abbildung 2.33c der Momentenverlauf für festes λ und steigendes w_z eingetragen.

<u>2.34 GHM im Nebenschluß</u>

Das Nebenschlußverhalten ist ähnlich wie das Verhalten mit ZRW. Nebenschlußbetrieb ist ohne weiteres möglich. Den Kurvenverlauf zeigt Abbildung 2.34.

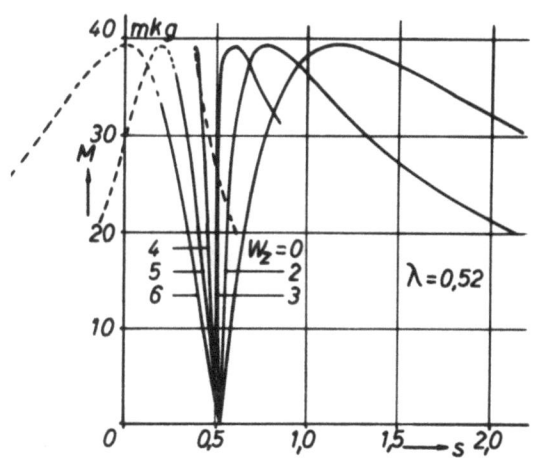

A b b i l d u n g   2.33c
Drehmomentverlauf, GHM fremd erregt mit GRW für konstantes λ und steigende Windungszahl w_z

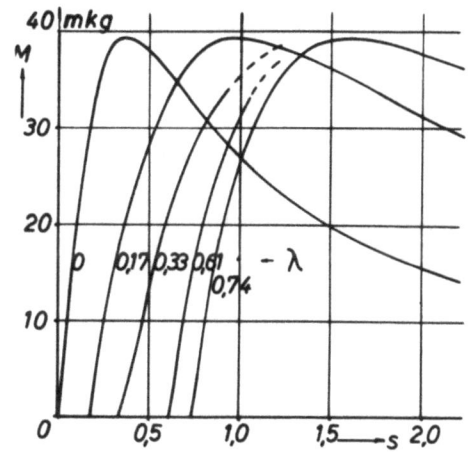

A b b i l d u n g   2.34
Drehmomentverlauf, GHM im Nebenschluß erregt

<u>2.4 Vergleich von Theorie und Experiment</u>

Experimentelle Untersuchungen wurden sowohl an der 2W als auch an der 1W durchgeführt. Um vergleichbare Ergebnisse zu erzielen, wurden in beiden Fällen die gleichen Versuchsmaschinen gewählt. Als Vordermaschine

diente jeweils ein Asynchronmotor mit Schleifringläufer der Fa. Kurt
Menzel, Berlin, mit den Daten

> D-Motor; Type ND 25/1500; Nr. 142747
> 220/380 V; 60/34 A; 18,5 kW; 1460 min^{-1}
> Rotor: 200 V; 58,5 A; cos φ = 0,9; 50 Hz

Als Hintermaschine diente eine Gleichstrom-Maschine der Fa. Siemens-
Schuckert mit den Daten

> Motor GM 165 Nr. 1232666 N
> 220 V; 119 A; 1450 min^{-1}; 22,5 kW const.

Als Trockengleichrichter diente ein luftgekühlter Selengleichrichter
der Fa. Siemens-Schuckert mit den Daten

> Type Pb 800 a 21/9
> Nbz 1/3 DB; 225/270 - 90

Die experimentellen Untersuchungen dienten dem Zweck, das statische
und dynamische Verhalten der Steuersätze zu ermitteln. Insbesondere
interessierte der Einfluß des neuen Bauelements Trockengleichrichter.
Der Vergleich von theoretischen und experimentellen Ergebnissen sollte
dazu dienen, Einflüsse festzustellen, die bei der theoretischen Behandlung unberücksichtigt blieben.

2.41 GHM fremd erregt ohne RW

Da für den praktischen Betrieb des Satzes die Kennlinien im Nennbereich
interessieren, wurden diese aufgenommen. Der Nennbereich erstreckt sich
gemäß den Daten der VM bis zu einem Drehmoment von ca. 12 mkg. Abbildung 2.41 stellt die n/M-Kennlinien dar, die für die Fremdspannungen
E_g = 8,5 (Remanenzspannung); 87; 159; 202; 236 V ermittelt wurden
(gestrichelt). Dem entspricht λ = 0,03; 0,32; 0,59; 0,75 und 0,87 mit
U_1' = 115,8 V. Vergleicht man hiermit die zugehörigen theoretisch berechneten Kennlinien (ausgezogene Kurven), so sieht man, daß die experimentellen Kennlinien für alle Werte von λ

> 1. zu niedrigeren Drehzahlen verschoben sind,
> 2. etwas steiler verlaufen und
> 3. bei kleinen Belastungen stark abfallen.

Um anschaulich vergleichen zu können, werden für die theoretischen
Kennlinien vereinfachte Gleichungen angegeben. Da im Nennbereich der

Schlupf s sehr klein ist, kann man in diesem Bereich $s \approx 0$ setzen. Daraus folgt für s' (vgl. Gl. (2.21b))

$$\boxed{s'_{(s\approx 0)} \approx s + \frac{E}{U'_1}} \qquad (2.41a)$$

Man erhält also im Nennbereich eine lineare Abhängigkeit zwischen s' und s. Für den Strom der K-Maschine gilt

$$I_{2a(s\approx 0)} \approx \frac{U'_1}{R_s} \cdot s \qquad \text{also} \qquad I_{2(s\approx 0)} \approx \frac{U'_1}{R_s}\left(s' - \frac{E}{U'_1}\right)$$

Damit wird
$$M(s) \approx \frac{m \cdot U'^2_1}{2\pi n_1 \cdot R_s} \cdot s$$

also
$$M(s') \approx \frac{m \cdot U'^2_1}{2\pi n_1 \cdot R_s}\left(s' - \frac{E}{U'_1}\right)$$

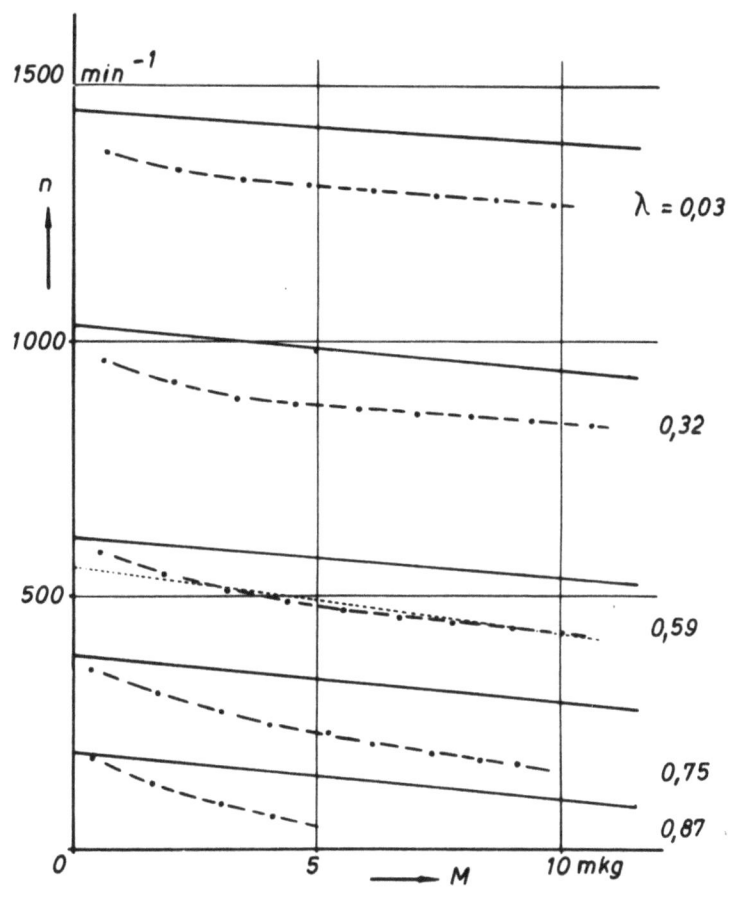

Abbildung 2.41
Vergleich der n/M-Kennlinien

Es ergibt sich eine lineare Abhängigkeit zwischen M und s'. Mit $s' = 1 - \frac{n}{n_1}$ folgt

$$s' \approx M \cdot \frac{2\pi n_1 \cdot R_S}{m \cdot U_1'^2} + \frac{E}{U_1'}$$

$$\boxed{\frac{n}{n_1} \approx 1 - \frac{E}{U_1'} - \frac{2\pi n_1 \cdot R_S}{m \cdot U_1'^2} \cdot M} \qquad (2.41b)$$

Gleichung (2.41b) stellt eine fallende Gerade dar. Mit ihrer Hilfe lassen sich die Einflüsse auf den Kennlinienverlauf einfach abschätzen. Der Ordinatenabschnitt (M=0) ist - wie schon bekannt - von λ abhängig

$$\frac{n}{n_1}(0) = 1 - \lambda \quad .$$

Die Neigung ist durch $\gamma = \frac{2\pi n_1}{m U_1'^2} \cdot R_S$ bedingt. Bleibt die Netzspannung konstant, so ist für die Neigung lediglich der Läuferkreiswiderstand R_S maßgeblich.

Daraus folgt für den Vergleich:

1. Die größere Neigung bei höheren Belastungen ist durch einen zusätzlichen Widerstand bedingt. Er setzt sich zusammen aus dem Widerstand der Verbindungsleitungen und dem Durchlaßwiderstand des Gleichrichters nach $R_Z = R_L + R_D$. Die Messung ergab $R_Z \approx R_S$. Diese Widerstandsvergrößerung entspricht ungefähr der größeren Neigung der experimentellen Kennlinien.

2. Die Verschiebung zu niedrigeren Drehzahlen ist durch eine vergrößerte Fremdspannung bedingt. Diese Zusatzspannung U_Z setzt sich aus der Schleusenspannung des Gleichrichters und der Bürstenübergangsspannung der GHM zusammen, die beide bei Belastung konstant sind. Es wirkt also eine größere Fremdspannung $E' = E + U_Z$ mit $U_Z = U_S + U_B$. Je größer E, desto geringer ist die Verfälschung durch U_Z, da U_Z unabhängig von der Größe der Fremdspannung konstant bleibt. Aus dem Verhältnis

$$\frac{E'}{E} = 1 + \frac{U_Z}{E}$$

sieht man den abnehmenden Einfluß von U_Z bei zunehmendem E, d.h. bei kleineren Drehzahlen.

3. Die Schleusenspannung des Gleichrichters und die Bürstenübergangsspannung der GHM sind erst für größere Ströme als konstant anzusehen. Für kleine Ströme ändern sie ihren Wert von 0 bis 10 V bzw. von

0 bis 1,5 V. Das bedeutet: Bei Leerlauf ist nur E wirksam; Leerlaufpunkt von experimenteller und theoretischer Kennlinie stimmen überein. Mit steigendem U_Z nähern sich die Kurven den Kennlinien für E'.

Als Beispiel diene die Kurve für $\lambda = 0{,}59$ in Abbildung 2.41. Für den theoretischen Verlauf ohne Berücksichtigung der Fremdeinflüsse gilt

$$U_1' = 115{,}8\,V \; ; \qquad R_s = 0{,}108\,\Omega \; ; \qquad \lambda = 0{,}588$$

$$\gamma = \frac{2\pi n_1 \cdot R_s}{m \cdot U_1'^2} = 4{,}15 \cdot 10^{-3} \frac{1}{mkg}$$

$$\frac{n}{n_1} = 1 - 0{,}588 - 4{,}15 \cdot 10^{-3} \frac{M}{mkg}$$

$$n = 1500\left(0{,}412 - 4{,}15 \cdot 10^{-3} \frac{M}{mkg}\right) min^{-1}$$

Für den theoretischen Verlauf mit Berücksichtigung der Fremdeinflüsse gilt

$$U_s = 10\,V \; ; \qquad U_B = 1{,}5\,V \; ; \qquad U_z = 11{,}5\,V \; ; \qquad E_g' = 170{,}5\,V$$

$$R_L = 0{,}072\,\Omega \; ; \qquad R_D = 0{,}054\,\Omega \; ; \qquad R_s' = 0{,}234\,\Omega$$

$$\lambda' = \frac{E'}{U_1'} = 0{,}63 \; ; \qquad \gamma' = \frac{2\pi n_1}{m U_1'^2} \cdot R_s' = 9 \cdot 10^{-3} \frac{1}{mkg}$$

$$\frac{n}{n_1} = 1 - 0{,}63 - 9 \cdot 10^{-3} \frac{M}{mkg}$$

$$n = 1500\left(0{,}37 - 9 \cdot 10^{-3} \frac{M}{mkg}\right) min^{-1} \; .$$

Der Vergleich der so gewonnenen neuen Kennlinie (punktiert) mit der experimentellen (gestrichelt) zeigt eine gute Übereinstimmung (Abb. 2.41). Er hat folgendes Ergebnis:

1. Um möglichst flachen Kurvenverlauf zu erzielen, müssen die Widerstände der Verbindungsleitungen und der Durchlaßwiderstand des Gleichrichters möglichst klein sein.

2. Die Schleusenspannung des Gleichrichters und die Bürstenübergangsspannung der GHM sind <u>nicht</u> vernachlässigbar. Sie haben einen starken Drehzahlabfall des Satzes bei kleinen Belastungen zufolge.

2.42 GHM fremd erregt mit RW

Zum Vergleich wird die vereinfachte n/M-Kennlinie zugrunde gelegt. Für $s \approx 0$ wird nach Gleichung (2.22)

$$s' \approx \frac{R_d + R_s}{R_s} s + \frac{E_0}{U'_1} \quad ,$$

der Strom
$$I_2 \approx \frac{U'_1}{R_d + R_s} \cdot \left(s' - \frac{E_0}{U'_1}\right)$$

und das Moment
$$M \approx \frac{m \cdot U'^2_1}{2\pi n_1 (R_d + R_s)} \cdot \left(s' - \frac{E_0}{U'_1}\right) \quad ,$$

also
$$\boxed{\frac{n}{n_1} \approx 1 - \frac{E_0}{U'_1} - \frac{2\pi n_1 (R_d + R_s)}{m \, U'^2_1} \cdot M} \qquad (2.42)$$

Gleichung (2.42) zeigt sehr übersichtlich, daß eine ZRW (positives R_d) stärkere Neigung, eine GRW (negatives R_d) schwächere Neigung der Kennlinie bedeutet. Für $R_d = -R_s$ erhält man konstantes Drehzahlverhalten. Da R_d infolge der Krümmung der Leerlaufkennlinie der GHM mit wachsendem E abnimmt, wird bei gleicher RW die Neigung der Kurven größer (ZRW) bzw. kleiner (GRW), je mehr E abnimmt (vgl. Abb. 2.33a und b).

3. Äußeres Verhalten der Einwellen-Anordnung

3.1 Strom

Im Gegensatz zur 2W ist bei der 1W die Größe der Fremdspannung E nicht mehr unabhängig von der Drehzahl des Steuersatzes. Ihre Phasenlage zum Strom $\dot{I}_2$ bleibt dieselbe wie bei der 2W. Für $\dot{E}$ gilt

$$\dot{E} = b_u \cdot k_1 \cdot \Phi \cdot n_1 \, (1-s) = \dot{E}_0 \, (1-s)$$

Damit ändern sich die Gleichungen (2.12a und b) in

$$(3.1a) \quad \boxed{\dot{I}_2 = \frac{\dot{U}'_1 \cdot s - \dot{E}_0 (1-s)}{\dot{Z}}} \quad \text{und} \quad \boxed{\dot{I}_2 \cdot \dot{Z} + \dot{E}_0 (1-s) = \dot{U}'_1 \cdot s} \quad (3.1b)$$

Zugehöriges Zeigerbild und Ortskurve entsprechen denen der 2W (Abb. 2.12a und b). $\dot{I}_2$ läßt sich für die 1W zerlegen in

$$\dot{I}_2 = \dot{I}_{2a} - \dot{I}_{2b}$$

mit $\quad \dot{I}_{2a} = \dfrac{\dot{U}'_1 \cdot s}{\dot{Z}} \quad$ und $\quad \dot{I}_{2b} = \dfrac{\dot{E}_0}{\dot{Z}} (1-s) \quad .$

3.2 Neue Pametrierung

3.21 GHM fremd erregt ohne RW

Die Abhängigkeit $\dot{I}_2 = f(s, E_.)$ läßt sich wieder durch einen Ersatzwiderstand $\dot{Z}'$ und einen Ersatzschlupf s' darstellen:

$$\dot{I}_2 = \dot{U}'_1 \frac{s'}{\dot{Z}'} \quad .$$

Der neue Schlupf $s' = f(s, E_.)$ läßt sich wieder aus der Bedingung $\dot{I}_2 = \dot{I}_{2a}$ bestimmen: Aus Gleichung (3.1b) folgt

$$\dot{I}_2 \left[\dot{Z} + \frac{\dot{E}_0}{\dot{I}_2}(1-s') \right] = \dot{U}'_1 \cdot s'$$

$$I_2 = \frac{\dot{U}'_1 \cdot s'}{R_S + (R'_1 + j X_G) \cdot s' + \frac{E_0}{I_2}(1-s')} \quad .$$

Damit wird der Ersatzwiderstand zu

$$\dot{Z}' = R_S + (R'_1 + j X_G) \cdot s' + \frac{E_0}{I_2}(1-s') \quad .$$

Mit $\quad \dot{I}_{2a} = \dfrac{\dot{U}'_1 \cdot s}{R_S + (R'_1 + j X_G) \cdot s} \quad$ und $\quad \dfrac{\dot{Z}'}{s'} = \dfrac{\dot{Z}}{s} \quad$ ergibt sich

$$\frac{R_S}{s'} + \frac{E_0}{I_2} \cdot \frac{1-s'}{s'} + R'_1 + j X_G = \frac{R_S}{s} + R'_1 + j X_G$$

$$s' = \frac{R_S + \dfrac{E_0}{I_2}}{\dfrac{R_S}{s} + \dfrac{E_0}{I_2}} \quad . \tag{3.21a}$$

Ersetzt man hierin I_2 durch I_{2a}, so folgt

$$\boxed{s' = \frac{s + \dfrac{E_0}{U'_1} \sqrt{\left(1 + \dfrac{R'_1}{R_S} \cdot s\right)^2 + \left(\dfrac{X_G}{R_S} \cdot s\right)^2}}{1 + \dfrac{E_0}{U'_1} \sqrt{\left(1 + \dfrac{R'_1}{R_S} \cdot s\right)^2 + \left(\dfrac{X_G}{R_S} \cdot s\right)^2}}} \tag{3.21b}$$

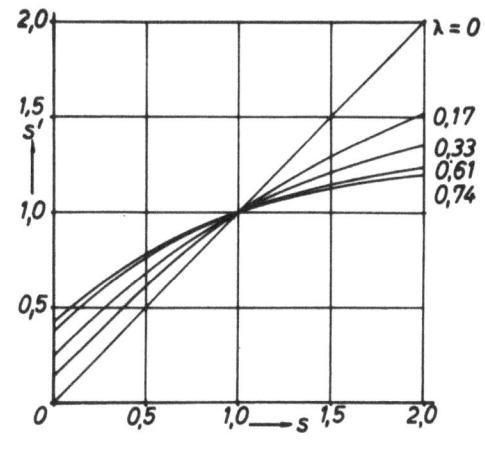

Abbildung 3.21a

Schlupf der 1W, GHM fremd erregt ohne RW

Für die Fremdspannung $E_o = 0$ verhält sich der Satz wie die K-Maschine mit dem Widerstand R_S im Läuferkreis: s' = s. Je größer die eingeführte Fremdspannung, desto flacher der Kurvenverlauf.

Der Leerlaufschlupf nimmt wie bei der 2W mit E_o zu, hat aber andere Werte wie dort für gleiche E_o. (Vgl. Gl. (2.21c)).

$$\boxed{s'(0) = \frac{1}{1 + \frac{U_1'}{E_o}}} \qquad (3.21c)$$

Man sieht aus Gleichung (3.21c), daß sich mit "vernünftigen Mitteln" nicht alle Werte für den Leerlaufschlupf zwischen s' = 0 und 1 einstellen lassen. Nimmt man vergleichsweise als größtmögliche Fremdspannung $E_{o\,max} = U_1'$ an, so läßt sich mit s'(0) = 0,5 die 1W nur bis zur halben synchronen Drehzahl hinuntersteuern, während die 2W mit $E_{o\,max} = U_1'$ bis zum Stillstand steuerbar war. Um die 1W bis zum Stillstand steuern zu können, benötigte man eine unendlich große Fremdspannung $E_o = \infty$.

Zur Interpretation der neuen Parametrierung wurden die Ortskurven des Läuferstromes für verschiedene Werte von λ in Abbildung 3.21b aufgezeichnet. Die zum Vergleich in Abbildung 3.21c dargestellten experimentell ermittelten Ortskurven zeigen dieselben Eigenschaften wie die berechneten Kurven.

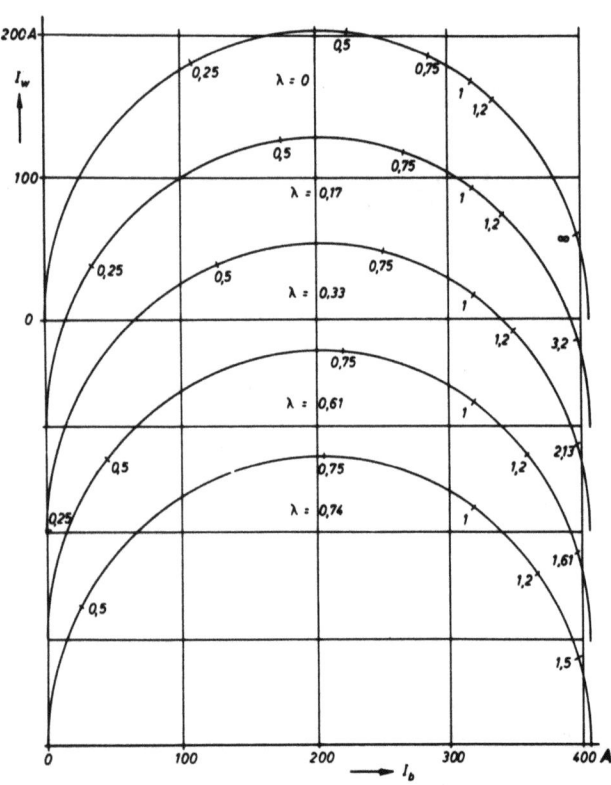
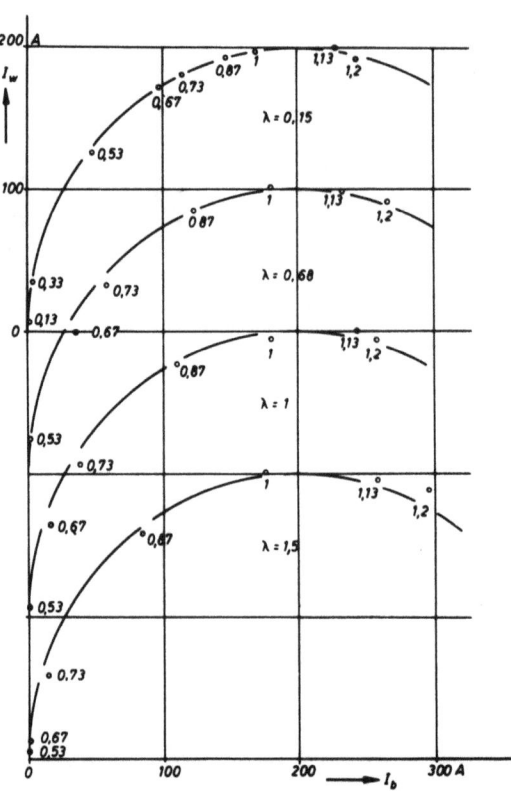

Abbildung 3.21b
Zur Veranschaulichung der neuen Parametrierung bei der Einwellen-Anordnung

Abbildung 3.21c
Experimentell ermittelte Ortskurven der Einwellen-Anordnung

Den Stillstandspunkt s' = 1 haben alle Kurven gemeinsam. Das ist leicht einzusehen, da die GHM im Stillstand unabhängig von der Erregung keine Spannung liefern kann. Für s' = 1 verhält sich der Satz also in jedem Fall wie die K-Maschine. Die übrigen Parameterwerte entfernen sich um so weiter von s' = 1, je größer λ wird.

Den Unendlichkeitspunkt s'(∞) haben im Gegensatz zur 2W nicht alle Kurven gemeinsam. s'(∞) wird nicht unendlich, sondern strebt einem Grenzwert zu, der von E_o abhängt. Er wurde in die Ortskurven eingetragen. Aus Gleichung (3.21b) folgt

$$s'(\infty) = \frac{U_1'}{E_o} \cdot \frac{R_s}{\sqrt{R_1'^2 + X_G^2}} + 1 \quad .$$

3.22 GHM fremd erregt mit RW

Nach dem Ersatzbild Abbildung 2.22b gilt für die Fremdspannung

$$E_g = k_1 \cdot n_1 \cdot (\Phi_v + c_v \cdot i \cdot w_o + c_v \cdot I_g \cdot w_z) \cdot (1-s)$$

$$= k_1 \cdot n_1 (\Phi_v + c_v \cdot i \cdot w_o)(1-s) + k_1 \cdot n_1 \cdot c_v \cdot w_z \cdot I_g \cdot (1-s)$$

$$= E_{go} \cdot (1-s) + R_{gd} \cdot I_g \cdot (1-s)$$

$$E = E_o \cdot (1-s) + R_d \cdot I_2 (1-s) \quad .$$

Führt man E in Gleichung (3.1b) ein, so ergibt sich $\dot{I}_2$ zu

$$\dot{I}_2 \left[R_d (1-s') + \dot{Z} + \frac{E_o}{I_2}(1-s') \right] = \dot{U}_1' \cdot s'$$

$$\dot{I}_2 = \frac{\dot{U}_1'}{\frac{R_d(1-s') + R_s}{s'} + \frac{E_o}{I_2} \cdot \frac{1-s'}{s'} + R_1' + j X_G}$$

Der gesuchte Zusammenhang zwischen s' und s folgt aus $\dot{I}_2 = \dot{I}_{2a}$:

$$R_d \cdot \frac{1-s'}{s'} + \frac{R_s}{s'} + \frac{E_o}{I_2} \cdot \frac{1-s'}{s'} = \frac{R_s}{s}$$

$$\boxed{s' = \frac{s + \frac{R_d}{R_s} \cdot s + \frac{E_o}{U_1'} \sqrt{\left(1 + \frac{R_1'}{R_s} \cdot s\right)^2 + \left(\frac{X_G}{R_s} \cdot s\right)^2}}{1 + \frac{R_d}{R_s} \cdot s + \frac{E_o}{U_1'} \sqrt{\left(1 + \frac{R_1'}{R_s} \cdot s\right)^2 + \left(\frac{X_G}{R_s} \cdot s\right)^2}}} \quad (3.22)$$

<u>ZRW</u>: Positives R_d entspricht der Anordnung mit ZRW. Gleichung (3.22) ist für diesen Fall in Abbildung 3.22a dargestellt. Zwischen Leerlauf und Stillstand wird die Erregerdurchflutung der GHM und damit E mit zunehmender Last vergrößert. Das hat zur Folge, daß sich die Kennlinien nach oben krümmen; nämlich zu den Kennlinien höherer Fremdspannung.

Für negative Drehzahlen (s > 1) erfolgt ebenfalls eine Näherung an die Kennlinien höherer Fremdspannung, also eine Krümmung nach unten. Auch hier zeigt sich wieder der Einfluß der Sättigung der GHM. Wie bei der 2W ist der Einfluß der RW von der Lage des Arbeitspunkts auf der Leerlaufkennlinie der GHM abhängig.

GRW: Negatives R_d in Gleichung (3.22) entspricht der Anordnung mit GRW (Abb. 3.22b). Der Kurvenverlauf zeigt eine Krümmung nach unten, d.h. eine Näherung an die Kurven kleinerer Fremdspannung ohne RW. Für kleine Werte von λ ergibt sich der größte Einfluß der GRW. Die Kurven fallen. Die negativen Bereiche und die Polstellen sind uninteressant, da für Übersynchronismus E negativ wird und sich über den Gleichrichter kurzschließt.

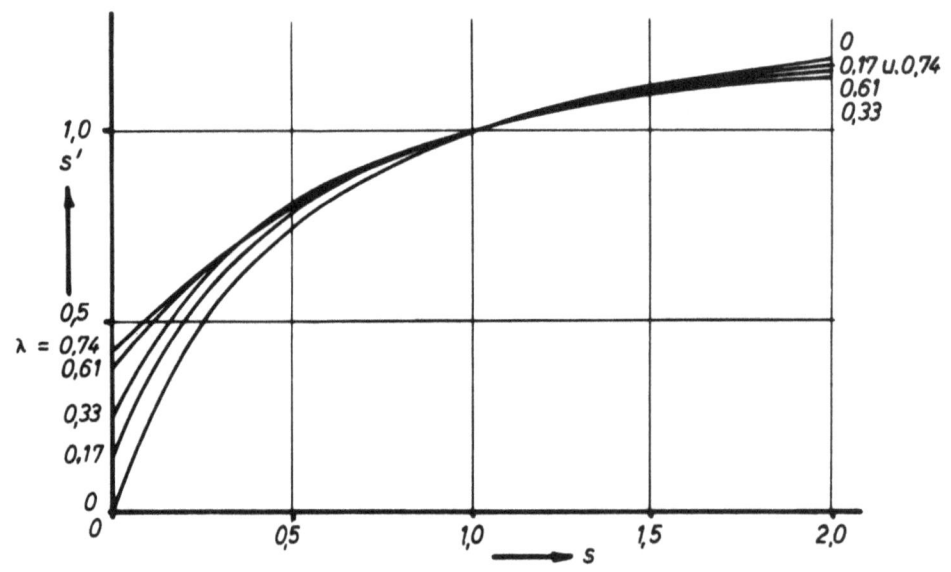

Abbildung 3.22a

Schlupf der 1W, GHM fremd erregt mit ZRW

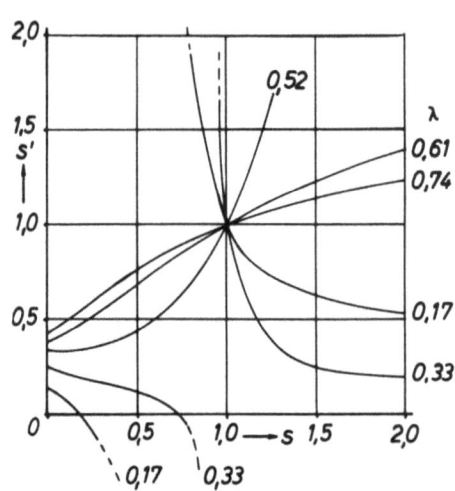

Abbildung 3.22b

Schlupf der 1W, GHM fremd erregt mit GRW

3.23 GHM im Nebenschluß erregt

Nach dem Ersatzbild Abbildung 2.23a gilt für die Fremdspannung

$$E_g = k_1 \cdot n_1 (\Phi_v + c_v \cdot w_0 \cdot i + c_v \cdot w_z \cdot I_g) \cdot (1-s')$$

$$= \left[E_{gv} + k \cdot w_0 \frac{E_g}{r} + k \left(w_0 \cdot \frac{R_g}{r} + w_z \right) I_g \right] \cdot (1-s')$$

$$E_g = \left[E_{gv} + k \left(w_0 \cdot \frac{R_g}{r} + w_z \right) I_g \right] \cdot \frac{1-s'}{1 - \frac{k \cdot w_0}{r} \cdot (1-s')}$$

$$E_g = E_{gv} \cdot f + R_{gd} \cdot f \cdot I_g$$

mit $c = \frac{k \cdot w_0}{r}$, $f = \frac{1-s'}{1-c(1-s')}$ und $R_{gd} = k \left(w_0 \cdot \frac{R_g}{r} + w_z \right)$.

Für reinen Nebenschluß wird $R_{gd} = c \cdot R_g$. Nach Abschnitt 5.1 wird

$$E = E_v \cdot f + R_d \cdot f \cdot I_2 \quad .$$

E in Gleichung (3.1b) eingeführt, liefert

$$\dot{I}_2 = \frac{\dot{U}_1'}{\frac{R_d \cdot f + R_s}{s'} + \frac{E_v}{I_2} \cdot \frac{f}{s'} + R_1' + j X_\sigma} \quad .$$

Aus $\dot{I}_2 = \dot{I}_{2a}$ folgt der Zusammenhang zwischen s' und s:

$$\frac{R_d \cdot f + R_s}{s'} + \frac{E_v}{I_2} \cdot \frac{f}{s'} = \frac{R_s}{s}$$

$$\frac{s'}{f} = \frac{R_d}{R_s} \cdot s + \frac{E_v}{I_2} \cdot \frac{s}{R_s} + \frac{s}{f}$$

$$\frac{s'-s}{f} = N \quad \text{mit} \quad N = \frac{R_d}{R_s} \cdot s + \frac{E_v}{U_1'} \sqrt{\left(1 + \frac{R_1'}{R_s} \cdot s\right)^2 + \left(\frac{X_\sigma}{R_s} \cdot s\right)^2}$$

$$s'^2 + s' \cdot \left(\frac{1}{c} - 1 - s + \frac{N}{c} \right) - \left(\frac{N}{c} \cdot s + \frac{s}{c} \right) = 0 \quad .$$

Mit $A = \frac{1}{c} - 1 + \frac{N}{c} - s$ und $B = \frac{s}{c} + \frac{N}{c} - s$ folgt daraus

$$\boxed{s' = -\frac{A}{2} + \sqrt{B + \left(\frac{A}{2}\right)^2}} \quad (3.23)$$

Um diese Abhängigkeit mit den Kurven der fremd erregten GHM vergleichen zu können, wird als Parameter wieder λ gewählt. In $\lambda = \frac{E_0}{U_1'}$ ist jetzt E_0 die Spannung, die die GHM unter den gegebenen Verhältnissen für s' = 0 liefern würde. Die tatsächlich im Leerlauf wirksame Spannung ist dann $E_1 = E_0 [1 - s'(0)]$. Der Leerlaufschlupf ist derselbe wie bei der fremd erregten GHM (Gl. (3.21c)). Die Kurven in Abbildung 3.23 zeigen einen ähnlichen Verlauf wie bei der fremd erregten Anordnung. Der Einfluß der RW ergibt sich, wenn man für w_z positive (ZRW) oder negative (GRW) Werte einsetzt in:

$$R_{gd} = k \cdot \left(w_o \cdot \frac{R_g}{r} + w_z \right) \quad .$$

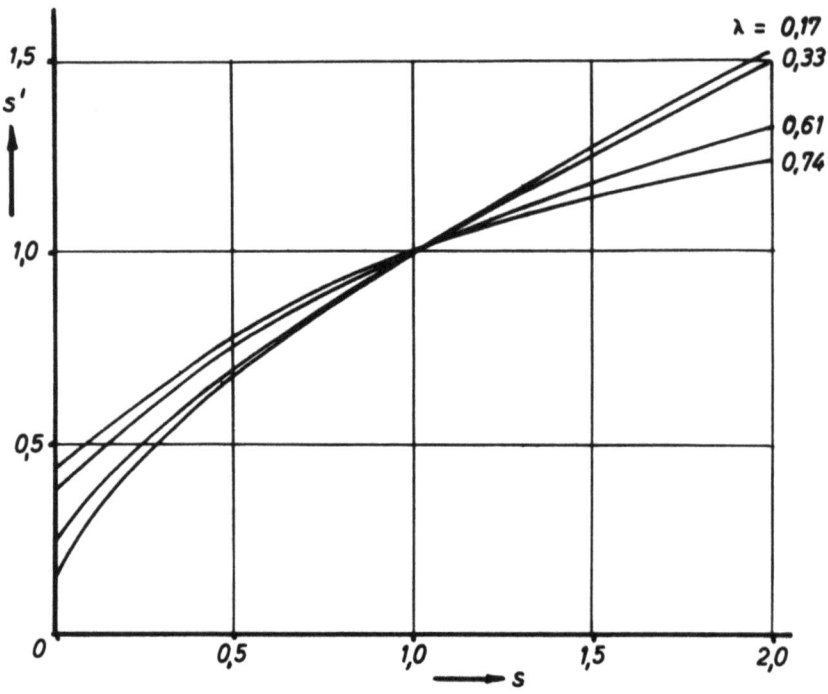

Abbildung 3.23

Schlupf der 1W, GHM im Nebenschluß erregt

3.3 Drehmoment

3.31 GHM fremd erregt ohne RW

Im Gegensatz zur 2W wird bei der 1W das Drehmoment von der Vorder- und Hintermaschine gebildet. Das Moment der Vordermaschine läßt sich wie bei der 2W über die Abhängigkeit $s'=f(s)$ angeben, indem man das Moment der K-Maschine bestimmt. Die Überlegung wird auch hier bestätigt, wenn man den neuen Schlupf (Gl. (3.22)) in die Momentengleichung (2.31a) einführt:

$$M_{VM}(s') = \frac{\frac{m}{2\pi n_1}}{\frac{R_s + \frac{E_0}{I_2}}{\frac{R_s}{s} + \frac{E_0}{I_2}}} \cdot \left[I_2^2 \cdot R_s + I_2 \cdot E_0 \left(1 - \frac{R_s + \frac{E_0}{I_2}}{\frac{R_s}{s} + \frac{E_0}{I_2}} \right) \right]$$

$$= \frac{m}{2\pi n_1} \cdot \frac{\frac{I_2^2 \cdot R_s^2}{s} + \frac{I_2 \cdot E_0 \cdot R_s}{s}}{R_s + \frac{E_0}{I_2}}$$

$$= \frac{m}{2\pi n_1 s} \cdot I_2^2 \cdot R_s = M_{VM}(s) \quad .$$

Moment der VM des Steuersatzes und Moment der K-Maschine sind einander gleich.

Das Moment der HM ergibt sich nach

$$M_{HM} = k_2 \cdot \Phi \cdot I_g = \frac{E_g \cdot I_g}{2\pi n} = \frac{E_{go} \cdot I_g}{2\pi n_1} \quad .$$

Somit beträgt das gesamte Moment

$$\boxed{M_{Ges.} = \frac{1}{2\pi n_1}\left[\frac{mI_2^2 \cdot R_s}{s} + E_{go} \cdot I_g\right]} \qquad (3.31\text{a})$$

Hierin ist M das Moment für den Schlupf s', der je nach der Größe von E dem Wert s zugeordnet ist. I_g ist der Gleichstrom, der tatsächlich bei s' fließt.

Eine andere Möglichkeit, das Moment der 1W zu bestimmen, ergibt sich aus der Betrachtung der geschlüpften Leistung. Die mechanische Leistung der 1W entspricht bei verlustlosen Maschinen der Luftspaltleistung N_δ. Die mechanische Leistung der VM ist $(1-s') \cdot N_\delta$. Der HM wird $s' \cdot N_\delta$ zugeführt und erscheint wieder an der Welle als mechanische Leistung der HM. Bei verlustbehafteter Maschine ist die mechanische Leistung um die Verluste des Läuferkreises kleiner als die Luftspaltleistung:

$$N_{mech} = N_\delta - m \cdot I_2^2 \cdot R_s \quad .$$

Die geschlüpfte Leistung deckt die Verluste und die mechanische Leistung der HM:

$$s' \cdot N_\delta = m \cdot I_2^2 \cdot R_s + I_g \cdot E_{go}(1-s') \quad .$$

Daraus folgt die mechanische Leistung zu

$$N_{mech} = \frac{1-s'}{s'}(mI_2^2 \cdot R_s + I_g \cdot E_{go})$$

und das Moment des ganzen Satzes zu

$$\boxed{M_{Ges} = \frac{1}{2\pi n_1 s'}(mI_2^2 \cdot R_s + I_g \cdot E_{go})} \qquad (3.31\text{b})$$

Hierin ist s' der tatsächliche Schlupf, und I_2 bzw. I_g sind über $s'=f(s)$ zu ermitteln.

Abbildung 3.31 veranschaulicht den Momentenverlauf. Größeres E_o bedingt wie bei der 2W eine Verschiebung der Kurve; jedoch kann hier - wie schon erwähnt - nicht bis zum Stillstand gesteuert werden. Man sieht dies schon am stärkeren Zusammendrängen der Kurven für λ = 0,61 und 0,74. Im Gegensatz zur 2W wird die Neigung geringer, also das Drehzahlverhalten mit zunehmendem λ härter. Diese Eigenschaft erklärt sich dadurch, daß das Moment der HM bei größerem E_o stärker wirksam wird.

Das Kippmoment bleibt <u>nicht</u> erhalten! Denn nur das Moment der VM entspricht der Ortskurve des Stromes I_2, die ihre Größe nicht ändert. Da aber das Moment der HM mit E_o zunimmt, wird auch das gesamte Kippmoment größer. Bei größtem λ des gewählten Beispiels wird das Kippmoment des Steuersatzes doppelt so groß wie das der K-Maschine.

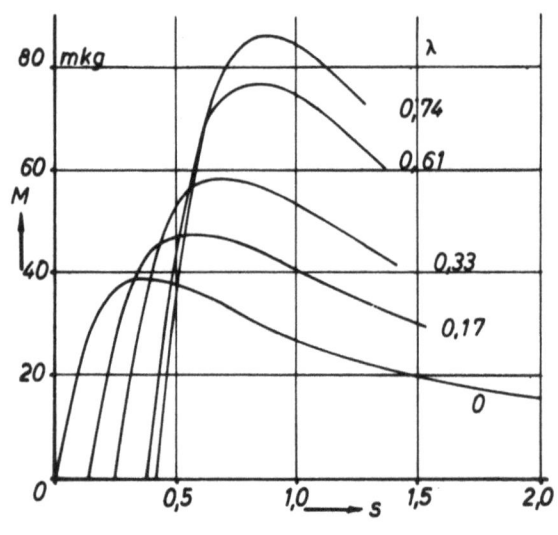

A b b i l d u n g   3.31

Drehmomentverlauf, GHM fremd erregt ohne RW

3.32 GHM fremd erregt mit RW

Hat die GHM eine Reihenschlußwicklung, so wird die geschlüpfte Leistung

$$s' \cdot N_6 = m \cdot I_2^2 \cdot R_s + I_g (E_{go} + R_{gd} \cdot I_g)\cdot(1-s')$$

$$= m \cdot I_2^2 \cdot R_s + I_g^2 \cdot R_{gd}(1-s') + I_g \cdot E_{go}(1-s')$$

die mechanische Leistung

$$N_{mech} = \frac{1-s'}{s'}\left[I_2^2\left(m \cdot R_s + \frac{R_d}{b_u \cdot b_i}\right) + I_g \cdot E_{go}\right] .$$

Mit $m \approx \frac{1}{b_u \cdot b_i}$ erhält man das Moment

$$M = \frac{1}{2\pi n_1 \cdot s'} \left[I_2^2 \cdot m (R_s + R_d) + I_g \cdot E_{g0} \right] \qquad (3.32)$$

<u>ZRW</u>: Abbildung 3.32a stellt Gleichung (3.32) für positives R_d dar. Die Kurven sind für kleinste Werte von λ (größter Einfluß der ZRW) am stärksten geneigt. Auf den großen Einfluß der ZRW ist ebenfalls die Vergrößerung des Kippmoments zurückzuführen, die gegenüber Abbildung 3.31 auftritt.

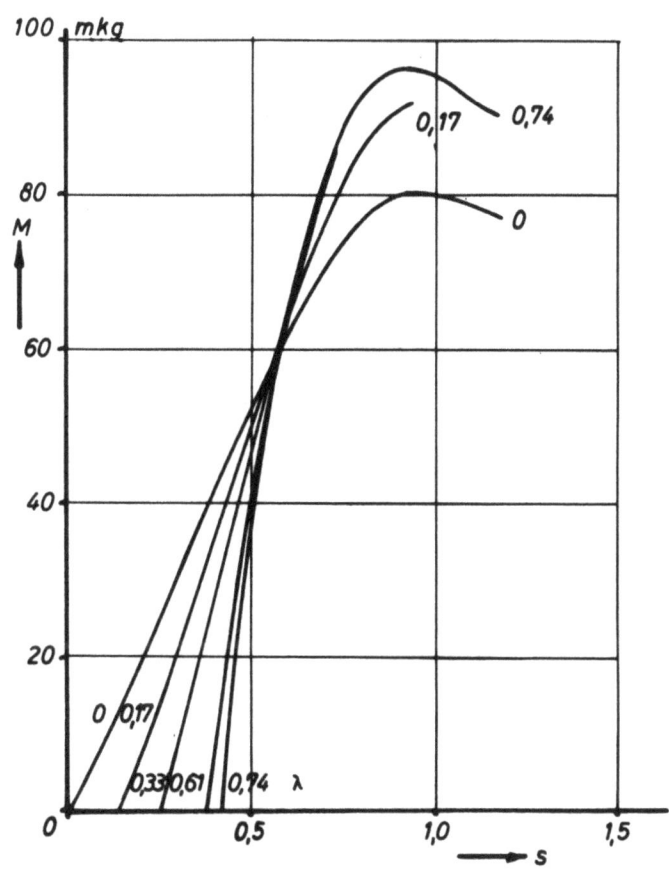

A b b i l d u n g   3.32a
Drehmomentverlauf, GHM fremd erregt mit ZRW

<u>GRW</u>: Abbildung 3.32b stellt Gleichung (3.32) für negatives R_d dar. Wie bei der 2W hebt die GRW die Kurven an, so daß auch hier bei kleinem λ instabiles Verhalten auftritt. Die Kippmomente werden kleiner, da die GRW das Moment der GHM verkleinert. Die Kurven für $\lambda = 0,74$ und $0,61$ wurden abgebrochen, da bereits der Bereich der zugehörigen Näherungsge-

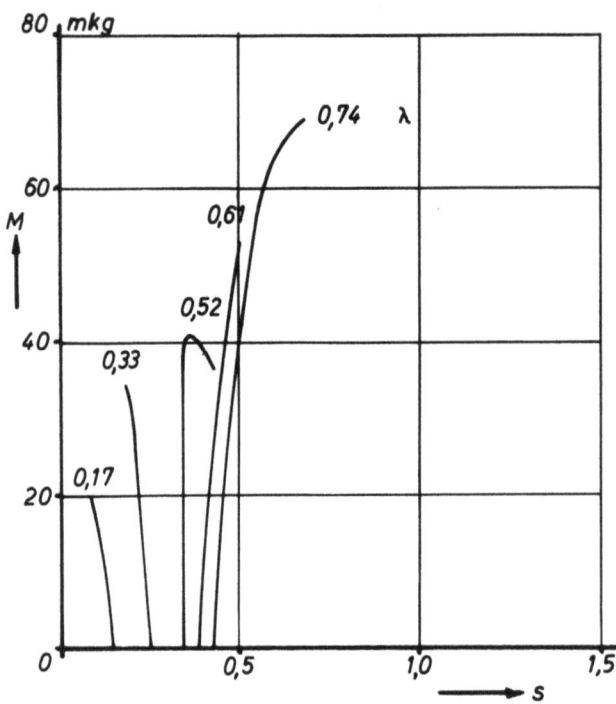

Abbildung 3.32b

Drehmomentverlauf, GHM fremd erregt mit GRW

raden überschritten war. Die Kurven für λ = 0,17; 0,33 und 0,52 wurden abgebrochen, da die Fremdspannung bereits negativ war.

3.33 GHM im Nebenschluß erregt

Wird die GHM im Nebenschluß betrieben, so wird die geschlüpfte Leistung

$$s' \cdot N_b = m \cdot I_2^2 \cdot R_s + I_g \cdot E_g$$
$$= m \cdot I_2^2 \cdot R_s + I_g \cdot (E_{gv} + R_{gd} \cdot I_g) \cdot f$$

die mechanische Leistung

$$N_{mech} = \frac{1-s'}{s'}\left[I_2^2 \cdot \left(m \cdot R_s + \frac{R_d}{b_u \cdot b_i \cdot q}\right) + I_g \cdot \frac{E_{gv}}{q}\right]$$

mit $f = \frac{1-s'}{q}$ und $q = 1 - c(1-s')$.

Das Moment wird mit $m \cdot b_u \cdot b_i \approx 1$ zu

$$M = \frac{1}{2\pi n_1 \cdot s} \cdot \left[m\left(R_s + \frac{R_d}{q}\right)I_2^2 + \frac{E_{gv}}{q} \cdot I_g\right] \qquad (3.33)$$

Gleichung (3.33) ist in Abbildung 3.33 ausgewertet. Der Satz verhält sich ähnlich wie der Satz mit fremd erregter GHM ohne RW. Für kleine λ fallen die Kurven stärker. Der Betrieb im Nebenschluß ist möglich.

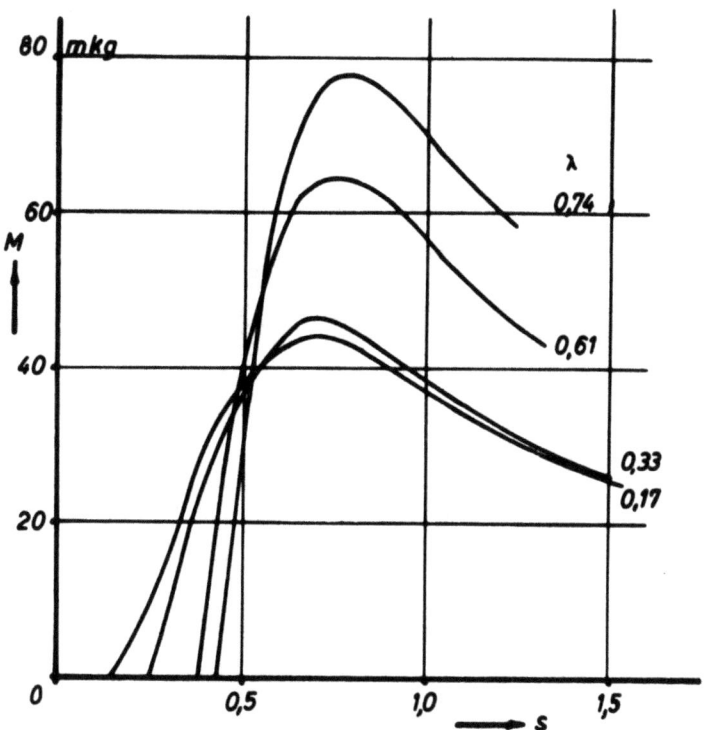

Abbildung 3.33
Drehmomentverlauf, GHM im Nebenschluß erregt

3.4 Vergleich von Theorie und Experiment

3.41 GHM fremd erregt ohne RW

Die experimentell ermittelten Kurven zeigen im Prinzip gleiche Abweichungen von den berechneten Kurven wie bei der 2W. Es treten die gleichen Fremdeinflüsse auf. Abbildung 3.41a stellt die n/M-Kennlinien der 1W mit fremd erregter GHM dar, die für die Fremdspannungen E_g = 8,5 (Remanenzspannung); 58; 87; 169 und 233 V aufgenommen wurden (gestrichelt) Dem entspricht λ = 0,03; 0,21; 0,32; 0,62 und 0,86. Um einen Vergleich mit den zugehörigen theoretischen Kennlinien (ausgezogene Kurven) zu ermöglichen, wird die vereinfachte Momentengleichung aufgestellt:

Für $s \approx 0$ wird nach Gleichung (3.21b)

$$s' \approx \frac{s + \frac{E_0}{U_1'}}{1 + \frac{E_0}{U_1'}} \qquad (3.41a)$$

s' ist linear von s abhängig. Die Steigung der s'-Kurven nimmt mit E_0 ab. Damit wird der Strom

$$I_2 \approx \frac{U_1'}{R_s}\left[s'\cdot\left(1 + \frac{E_0}{U_1'}\right) - \frac{E_0}{U_1'}\right] ,$$

das Moment also

$$M \approx \frac{1}{2\pi n_1 \cdot s'} \left\{ m \cdot R_s \left(\frac{U_1'}{R_s}\right)^2 \cdot \left[s'\left(1+\frac{E_0}{U_1'}\right) - \frac{E_0}{U_1'}\right]^2 + \frac{U_1' \cdot E_0}{b_u \cdot b_i \cdot R_s} \left[s'\left(1+\frac{E_0}{U_1'}\right) - \frac{E_0}{U_1'}\right] \right\}$$

$$M \approx \frac{m \cdot U_1'^2}{2\pi n_1 \cdot R_s} \left(1 + \frac{E_0}{U_1'}\right)^2 \left[s' - \frac{E_0}{U_1'}\left(2 - \frac{1}{b_u \cdot b_i \cdot m}\right)\frac{1}{1+\frac{E_0}{U_1'}} + \left(\frac{E_0}{U_1'}\right)^2 \left(1 - \frac{1}{b_u \cdot b_i \cdot m}\right) \cdot \frac{1}{s'}\right] .$$

Berücksichtigt man, daß $b_u \cdot b_i \cdot m \approx 1$ ist, so erhält man

$$M \approx \frac{m \, U_1'^2}{2\pi n_1 \cdot R_s} \left(1 + \frac{E_0}{U_1'}\right)^2 \left(s' - \frac{\frac{E_0}{U_1'}}{1+\frac{E_0}{U_1'}}\right) .$$

Daraus folgt

$$\boxed{\frac{n}{n_1} \approx 1 - \frac{\frac{E_0}{U_1'}}{1+\frac{E_0}{U_1'}} - \frac{2\pi n_1 \cdot R_s}{m \cdot U_1'^2} \cdot \frac{1}{\left(1+\frac{E_0}{U_1'}\right)^2} \cdot M} \qquad (3.41\text{b})$$

Aus Gleichung (3.41b) erhält man den Ordinatenabschnitt, der dem Leerlaufschlupf entspricht

$$\frac{n}{n_1}(0) = 1 - \frac{\frac{E_0}{U_1'}}{1+\frac{E_0}{U_1'}}$$

und die Steigung der Kennlinie

$$\gamma = \frac{2\pi n_1 \cdot R_s}{m \cdot U_1'^2} \cdot \frac{1}{\left(1+\frac{E_0}{U_1'}\right)^2} .$$

Im Gegensatz zur 2W, bei der die Steigung nur durch den Widerstand des Läuferkreises bedingt war, ist sie hier vom Widerstand und der eingeführten Fremdspannung abhängig. Je größer E_0, desto geringer der Abfall der Kurven.

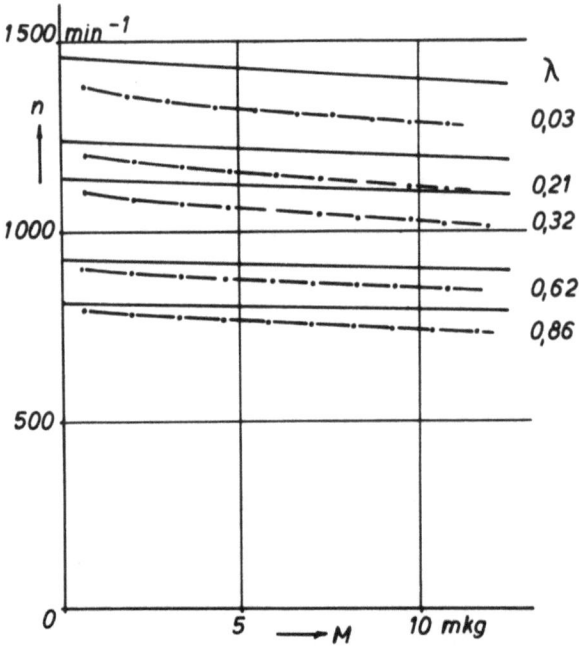

Abbildung 3.41a

Vergleich der n/M-Kennlinien

Um die Fremdeinflüsse aufzuzeigen, wurde wie bei der 2W ein Beispiel durchgeführt. Abbildung 3.41b zeigt für eine Fremdspannung von E_{go} = 87 V (λ = 0,32) die Gegenüberstellung der Kennlinien, die ohne und mit (ausgezogen und punktiert) Berücksichtigung der Fremdeinflüsse berechnet wurden. Letztere zeigen eine annehmbare Übereinstimmung mit den experimentell ermittelten (gestrichelt) Kennlinien. Damit sind die wichtigsten Einflüsse erfaßt:

    1. Schleusen- und Bürstenübergangsspannung
    2. Erhöhter Läuferkreiswiderstand infolge der Zuleitungen und des Durchlaßwiderstandes des Gleichrichters.

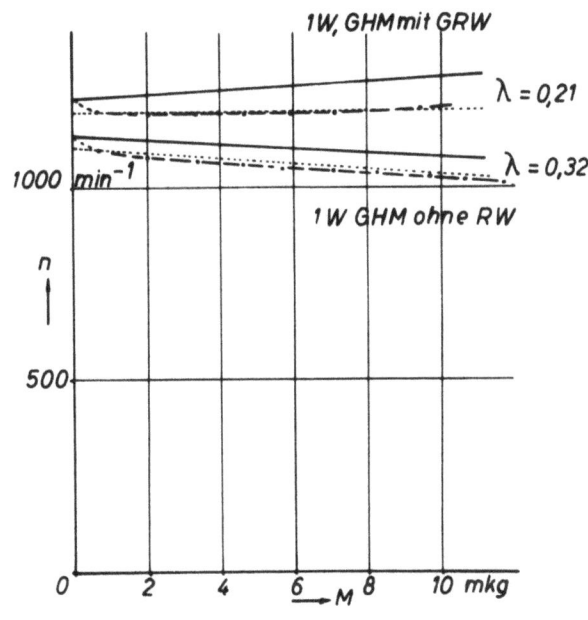

Abbildung 3.41b
Vergleich der n/M-Kennlinien

3.42 GHM fremd erregt mit RW

Für $s \approx 0$ wird Gleichung (3.22) zu

$$s' \approx \frac{\frac{E_0}{U_1'} + s\left(\frac{R_d}{R_s} + 1\right)}{\frac{E_0}{U_1'} + 1} \quad , \quad (3.42a)$$

der Strom zu

$$I_2 \approx \frac{U_1'}{R_d + R_s}\left[s'\left(1 + \frac{E_0}{U_1'}\right) - \frac{E_0}{U_1'}\right] \quad ,$$

das Moment zu

$$M \approx \frac{m \cdot U_1'^2}{2\pi n_1(R_d + R_s)} \cdot \left(1 + \frac{E_0}{U_1'}\right) \cdot \left(s' - \frac{\frac{E_0}{U_1'}}{1 + \frac{E_0}{U_1'}}\right) \quad ,$$

also
$$\boxed{\frac{n}{n_1} \approx 1 - \frac{\frac{E_0}{U_1'}}{1 + \frac{E_0}{U_1'}} - \frac{2\pi n_1(R_d + R_s)}{m \cdot U_1'^2} \cdot \frac{1}{\left(1 + \frac{E_0}{U_1'}\right)^2} \cdot M}$$ (3.42b)

Es gilt das gleiche wie für die 2W: Stärkere Neigung der Kurven infolge ZRW, schwächere Neigung infolge GRW. Abnehmender Einfluß mit zunehmendem E_o. Die experimentell aufgenommenen Kennlinien sind in Abbildung 3.42 dargestellt.

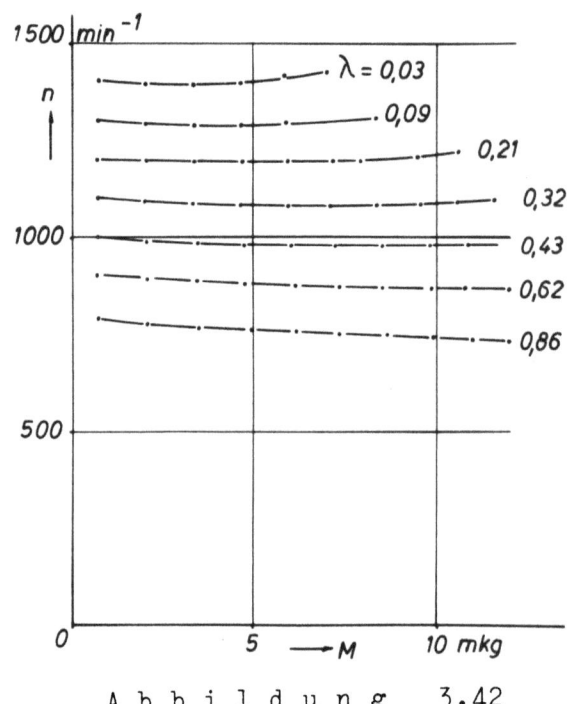

Abbildung 3.42

n/M-Kennlinien, GHM fremd erregt mit GRW

Zum Vergleich diene als Beispiel die Kennlinie für E_{go}=58 V (λ = 0,21), die ohne (ausgezogen) und mit (punktiert) Berücksichtigung der Fremdeinflüsse berechnet wurde (Abb. 3.41b). Letztere zeigt auch hier eine gute Übereinstimmung mit der experimentell ermittelten Kurve (gestrichelt)

4. Inneres Verhalten des Steuersatzes

Zu einer vollständigen Darstellung des Steuersatzes ist eine Untersuchung seines inneren Verhaltens unerläßlich. Dabei ist der zeitliche Verlauf der Ströme von besonderem Interesse, da der Gleichrichter im Gegensatz zum Einankerumformer verzerrte Ströme im Läuferkreis hervorruft. Wäre die Vordermaschine ein stillstehender Transformator, so übertrügen sich diese Ströme mit gleicher Form auf die Primärseite. Das Netz würde wie beim normalen Gleichrichterbetrieb mit Oberwellen belastet, die all die unerwünschten Nebenerscheinungen zur Folge haben, wie sie in der Literatur hinreichend beschrieben sind.

Bei der umlaufenden Maschine ergibt sich nun die Frage, wie hier die verzerrten Läuferströme auf die Primärseite zurückwirken, da sich die Asynchronmaschine vom Drehtransformator (stillstehende Maschine) dadurch unterscheidet, daß sich der Läuferstrombelag mit dem Läufer gegen den Ständer bewegt. Die Frage wird in einer grundsätzlichen Untersuchung beantwortet, die die Strom- und Spannungsverhältnisse im stationären und dynamischen Betrieb klären soll.

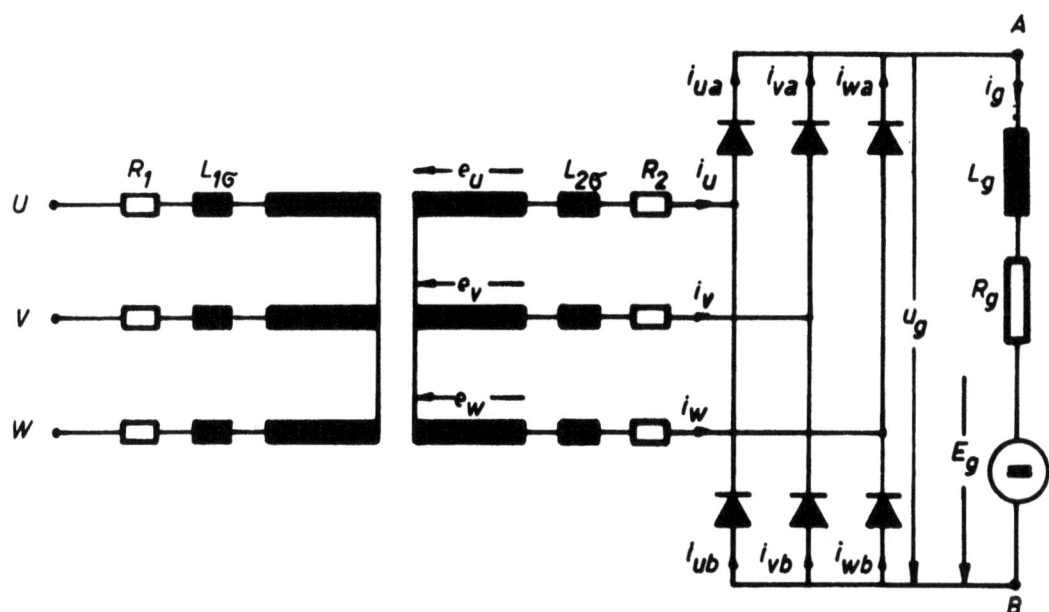

Abbildung 4.1a
Vollständiges Ersatzbild des Steuersatzes

4.1 Läuferspannung und -strom

Abbildung 4.1a zeigt die prinzipielle dreiphasige Anordnung des Satzes wie sie für unsere Untersuchung zweckmäßig ist. Zunächst wird die Schaltung genau wie eine normale Transformator-Gleichrichterschaltung behandelt, die auf der Gleichstromseite mit einem ohmschen Widerstand, einer Induktivität und einer Gleichspannungsquelle belastet ist.

Im Läufer werden die Spannungen e_u, e_v und e_w induziert, die bei symmetrischen Netzspannungen ein symmetrisches dreiphasiges System bilden (Abb. 4.1b). Die gleichgerichtete Spannung erhält man am einfachsten, wenn man die Trockengleichrichter wie ideale Ventile betrachtet, die entweder geöffnet oder geschlossen sind, je nachdem, ob eine positive oder negative Spannung an ihnen liegt. Die Spannung u_{AO} des Punktes A gegen den Sternpunkt entspricht dem Verlauf der Spannungen e_u, e_v, e_w, da diese in bezug auf die A-Ventile positiv sind. Punkt B folgt umgekehrt den Spannungen $-e_u$, $-e_v$, $-e_w$, da diese bezogen auf die B-Ventile positiv sind. Die Gleichspannung u_g ergibt sich als Differenz von u_{AO} und u_{BO}. Jeweils ist das Ventil geöffnet, an dem eine positive Spannung liegt. Also ist z.B. in dem Bereich $u_{AO} = e_u$ das Ventil V_{ua} geöffnet, in dem Bereich $u_{AO} = e_v$ das Ventil V_{va} etc.; in dem Bereich $u_{BO} = e_w$ das Ventil V_{wb}, in dem Bereich $u_{BO} = e_u$ das Ventil V_{ub} etc.. Es sind also stets zwei Ventile gleichzeitig geöffnet, deren Öffnungszeiten sich überschneiden (vgl. Abb. 4.1c).

Schalten wir nun den Gleichstromkreis ein, so fließt im stationären Zustand ein Strom, der durch die wirkenden Spannungen u_g und E_g hervorgerufen wird. Er gehorcht z.B. in dem Zeitraum, in dem die beiden Ventile V_{ua} und V_{wb} gleichzeitig geöffnet sind, der Spannungsgleichung

$$i_g \cdot R_g + L_g \frac{di_g}{dt} + E_g + i_g \cdot R_2 + L_{2\sigma} \cdot \frac{di_g}{dt} + e_{wu} + i_g \cdot R_2 + L_{2\sigma} \frac{di_g}{dt} = 0$$

$$i_g (R_g + 2R_2) + \frac{di_g}{dt} (L_g + 2L_{2\sigma}) = e_{uw} - E_g \ .$$

Für den betrachteten Zeitraum gilt $i_g = i_u = i_{ua} = i_{wb} = -i_w$. Das Ventil V_{va} öffnet sich, wenn der Ventilstrom i_{va}, der bisher negativ war, wieder positiv wird. Es sind also im Zeitpunkt $\varphi_2 = \frac{\pi}{3} + \delta$ zwei benachbarte Ventile geöffnet. Infolgedessen fließt der Kurzschlußstrom i_k, der so gerichtet ist, daß er den Strom i_{ua} schwächt und den Strom i_{va} verstärkt, bis $i_{ua} = 0$ wird, sich also das Ventil V_{ua} schließt. Für diesen Kommutierungsbereich ü gilt

$$2 \cdot L_{2\sigma} \frac{di_g}{dt} + 2 \cdot R_2 \cdot i_k = e_{vu} \ .$$

Nach Beendigung der Kommutierung gilt für $\varphi_2 > \frac{\pi}{3} + \delta + ü$
$i_g = i_v = i_{va} = i_{wb} = -i_w$. Der Strom gehorcht der Gleichung

$$i_g (R_g + 2R_2) + \frac{di_g}{dt} (L_g + 2L_{2\sigma}) = e_{vw} - E_g \ .$$

Lösungen der Gleichungen gibt DÄLLENBACH an [7, 8]. Der Vorgang wiederholt sich in der Reihenfolge der Spannungen. Die Ströme ergeben sich aus der Betrachtung der Ventilöffnungen. Sie werden in einem Zeitdiagramm dargestellt (Abb. 4.1d).

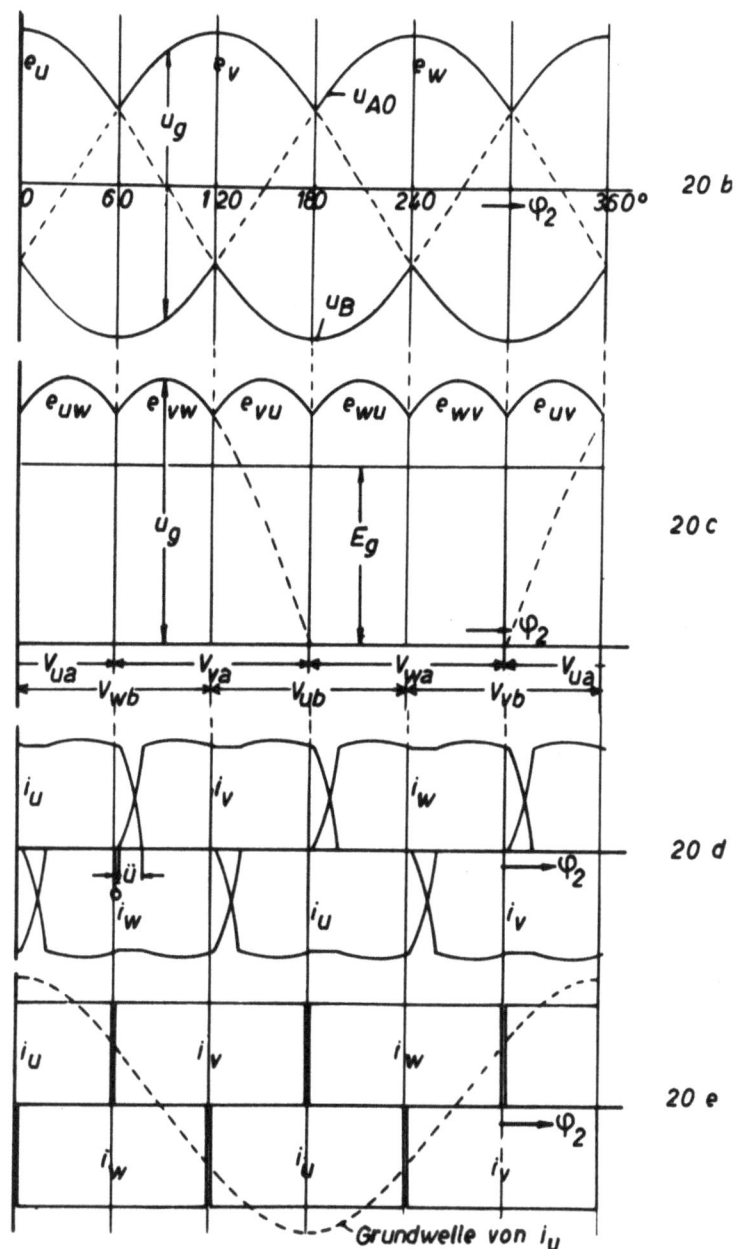

Abbildung 4.1b bis e
Zeitlicher Verlauf der Spannungen und Ströme im Läuferkreis

Vergleicht man die Grundwelle der Ströme (gestrichelt für i_u) mit der Phasenspannung (e_u), so ergibt sich eine Phasengleichheit von Läuferspannung und -strom, wie sie schon bei Aufstellung der Spannunggleichungen (Abschn. 2.12) angenommen wurde. Die Phasenverschiebung ist nur durch die endliche Kommutierungszeit ü und den Zündwinkel δ bedingt. Sie wird vorläufig nicht berücksichtigt.

4.2 Ständerstrom

Um die Rückwirkung der Läuferströme auf den Ständer zu untersuchen, wird zur Vereinfachung δ = 0 und ü = 0 gesetzt. Es werden also die

Streuinduktivitäten und Widerstände vernachlässigt, wodurch die Kommutierungszeit unendlich klein wird. Der Winkel δ ist so klein, daß er praktisch keine Rolle spielt. Gleichzeitig wird eine unendlich große Kathodendrossel angenommen, so daß der Gleichstrom konstant und die Läuferströme rechteckförmig werden (Abb. 4.1e). Letzteres ist zulässig, da die Induktivität des Ankerkreises der GHM so groß ist, daß sich ein kaum pulsierender Gleichstrom und fast rechteckförmige Läuferströme ergeben, wie spätere Oszillogramme zeigen.

Der Ständerstrom läßt sich aus dem Läuferstrom bestimmen, indem man wie beim Transformator - starres Netz vorausgesetzt - das Durchflutungsgesetz auf den magnetischen Kreis anwendet. Läufer- und Ständerstrombelag müssen also einander gleich sein. Den gesamten Ständerstrom erhält man hieraus durch Addition des Magnetisierungsstromes, der bei unseren Betrachtungen nicht berücksichtigt wird. Es wurde absichtlich auf eine Berücksichtigung des Magnetisierungsstromes verzichtet, da es sich im folgenden darum handelt, das Prinzip und nicht Einzelheiten zu klären.

Um einen Überblick über den Verlauf des Ständerstromes bei verschiedenen Drehzahlen zu gewinnen, wird der Läufer mit seinem sich zeitlich ändernden Strombelag mit verschiedenen Geschwindigkeiten gegen den Ständer bewegt. Steht der Läufer still, so verhalten sich die Strombeläge des Ständers zeitlich genauso wie die des Läufers. Bewegt er sich, so muß zusätzlich zur zeitlichen noch die räumliche Änderung berücksichtigt werden. Dabei wird der Verdrehwinkel des Läufers α in Polteilungsgraden angegeben.

Zur Konstruktion des Ständerstromes zeichnet man den Zonenplan von Läufer und Ständer für eine doppelte Polteilung entsprechend einem Verdrehwinkel von $\alpha = 360°$ (vgl. Abb. 4.21b). Kreuze (x) deuten einen Wicklungssinn in die Bildebene hinein an, Punkte (·) das Umgekehrte. Eine doppelte Polteilung genügt, da sich anschließend der Verlauf des Strombelages wiederholt. Dann betrachtet man die zeitlich-räumliche Änderung des Läuferstrombelages, die man aus dem Verlauf des Läuferstromes (Abb. 4.21a) ermittelt. Dabei soll einer Stromrichtung in die Bildebene hinein ein positiver Strombelag entsprechen und umgekehrt.

(Anmerkung: Da die Größe des Läuferstromes an den Sprungstellen nicht eindeutig ist, wird im folgenden unter einem bestimmten Winkel φ_2 stets ein Winkel verstanden, der um $\delta\varphi_2$ größer ist.)

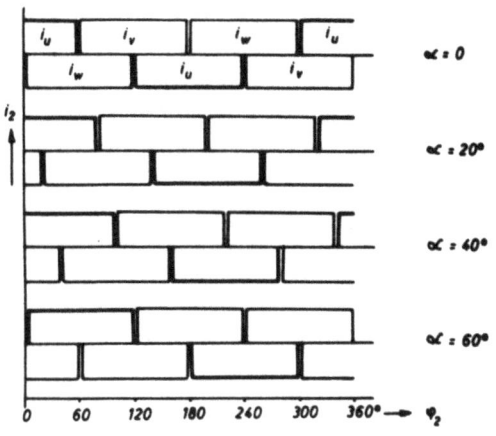

Abbildung 4.21a
Läuferstrom für verschiedene
Läuferstellungen

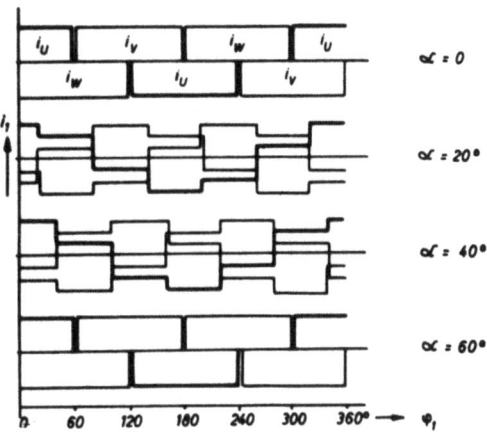

Abbildung 4.21c
Ständerstrom für verschiedene
Läuferstellungen

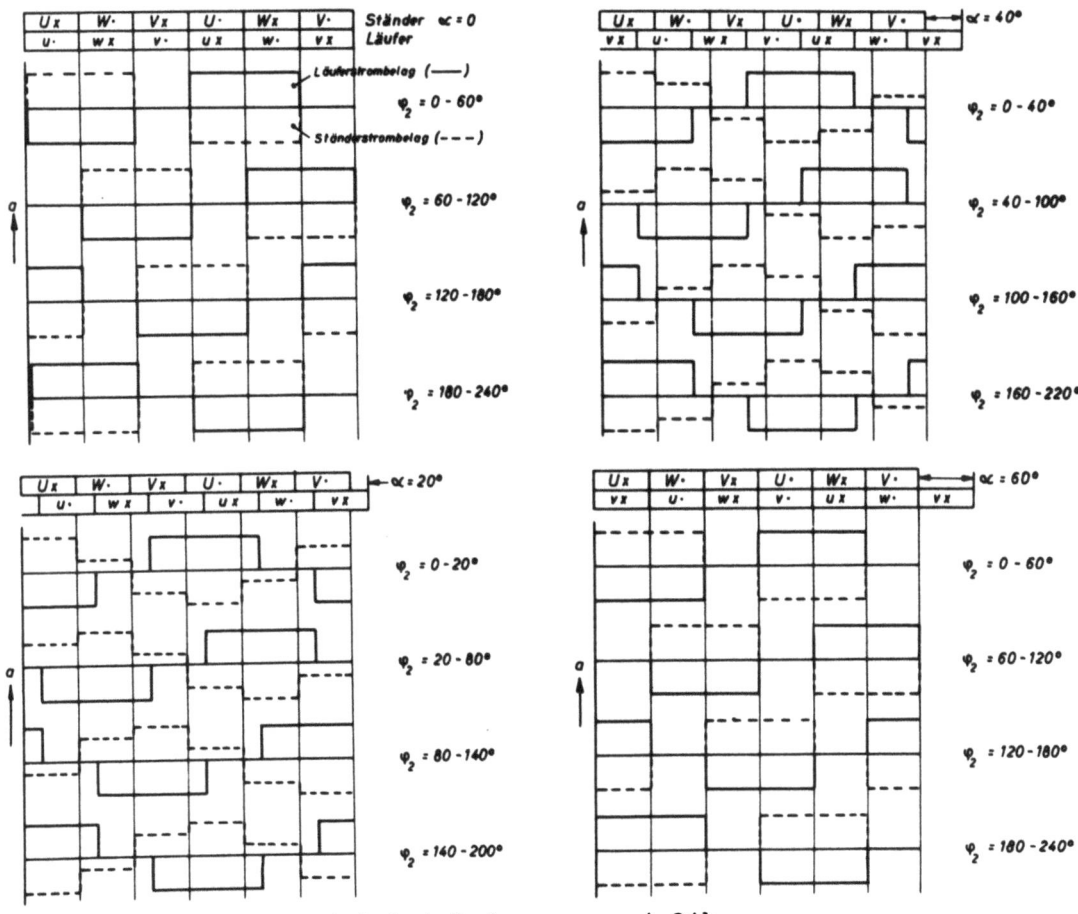

Abbildung 4.21b
Läufer- und Ständerstrombeläge in Abhängigkeit von der
Läuferstellung α = 0, 20, 40 und 60°

Der zugehörige Ständerstrombelag ergibt sich aus der Durchflutungsbedingung: Gesamter Strombelag pro Ständerphase gleich 0.

Decken sich Läufer- und Ständerzonen, so ist die Durchflutungsbedingung leicht zu erfüllen ($\alpha = 0, 60°$ etc.). Sind die Zonen gegeneinander versetzt, so wird es schwierig. Für eine Läuferverdrehung von z.B. $\alpha = 20°$ müßte in der Phase W in einem Teil der Ständerstrom in voller Größe fließen, während er in dem restlichen Teil Null sein müßte. Dies ist natürlich nicht möglich, da in einer Wicklung nur ein Strom fließen kann. Infolgedessen wird sich in der Phase W ein Strom der Größe einstellen, daß die Fläche des Ständerstrombelags unter der Zone W der Fläche des Läuferstrombelags entspricht. Damit ist zwar die Form der Strombeläge nicht die gleiche, aber das Durchflutungsprinzip ist erfüllt.

Es wird also bei fortschreitendem Läuferstrombelag der Ständerstrombelag kontinuierlich mit α seine Kurvenform ändern. Verschiebt sich der Läufer von $\alpha = 0$ bis $\alpha = 60°$, so stellt sich für $\alpha = 0$ zunächst im Ständer die negative Läuferdurchflutung ein: Phase U positiv maximal, Phase W negativ maximal, Phase V null. Für $0 < \alpha < 60°$ gilt: Phase U bleibt positiv maximal, da ihr gegenüber dauernd negativ maximaler Strombelag besteht; Phase W springt für $\alpha = \Delta\alpha$ auf null und wächst dann bis zum positiven Maximalwert bei $\alpha = 60°$; Phase V springt für $\alpha = \Delta\alpha$ auf den negativen Maximalwert und verkleinert sich bis null bei $\alpha = 60°$. Nach diesem Prinzip ändern sich die Strombeläge auch bei weiterer Läuferdrehung, woraus sich der Ständerstrom in Abhängigkeit von der Läuferstellung und -bewegung konstruieren läßt.

4.21 Ständerstrom in Abhängigkeit von der Läuferstellung

Bei Stillstand werden im Läufer Spannungen mit Netzfrequenz induziert. Periodendauer von Läufer- und Ständerstrom sind einander gleich ($T_2 = T_1; \varphi_2 = \varphi_1$). Für verschiedene Läuferstellungen läßt sich der Läuferstrom der drei Phasen darstellen. Zur Demonstration wurde der Läufer in Richtung des Drehfeldes um den Winkel $\alpha = 0, 20, 40$ und $60°$ gedreht (Abb. 4.21a). Aus dem Kurvenverlauf $i_2 = f(\varphi_2, \alpha)$ lassen sich die Läuferstrombeläge $a_2 = f(\varphi_2, \alpha)$ konstruieren (Abb. 4.21b). Für eine konstante Stellung α springt der Läuferstrombelag ruckartig in Abständen von $\Delta\varphi_2 = 60°$ um eine Zone weiter, da sich die Läuferströme in gleichen Abständen auch sprungartig ändern. Für einen anderen Winkel α ändert sich am zeitlichen Abstand der "Sprünge" voneinander nichts, sondern

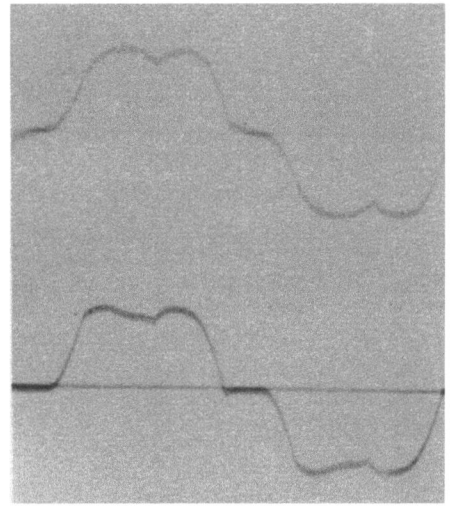

α = 0

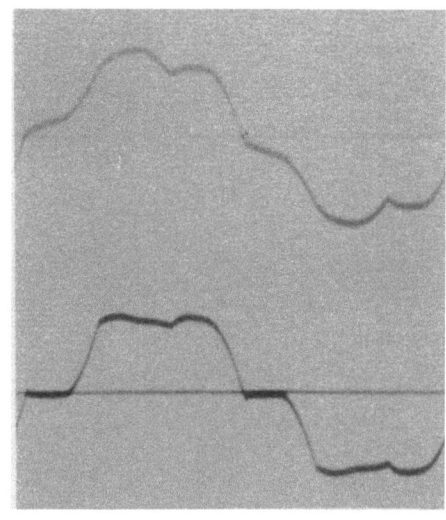

α = 20°

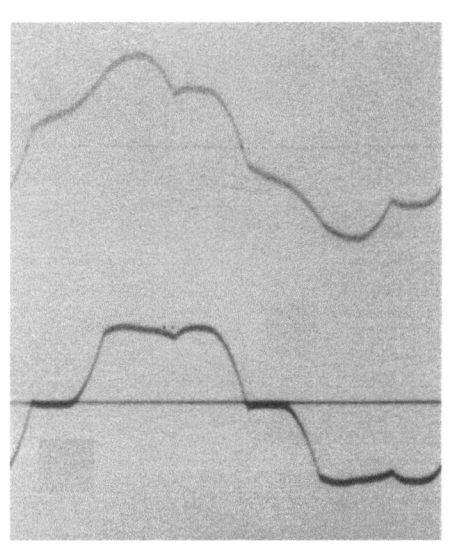

α = 10°

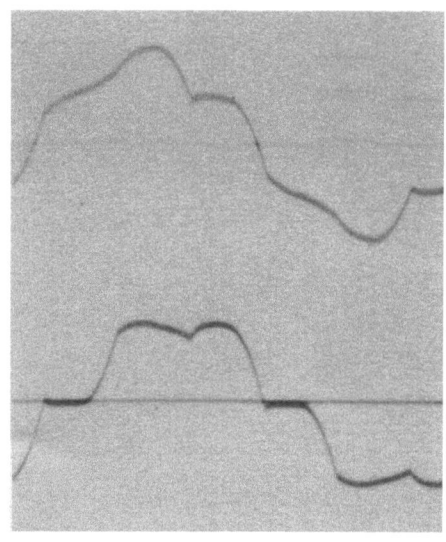

α = 30°

Abbildung 4.21d bis g
Ständerstrom für verschiedene Läuferstellungen

Ständerstrom

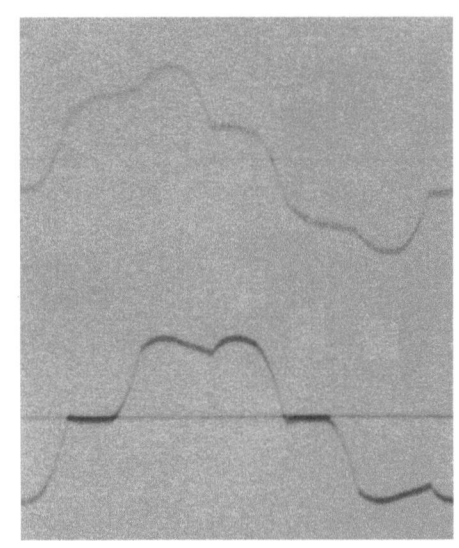

$\alpha = 40°$

Läuferstrom

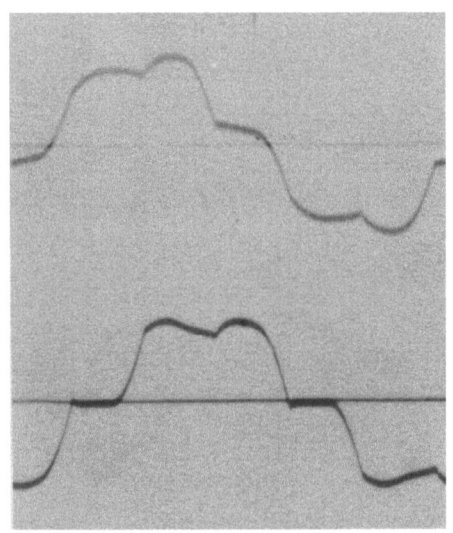

$\alpha = 50°$

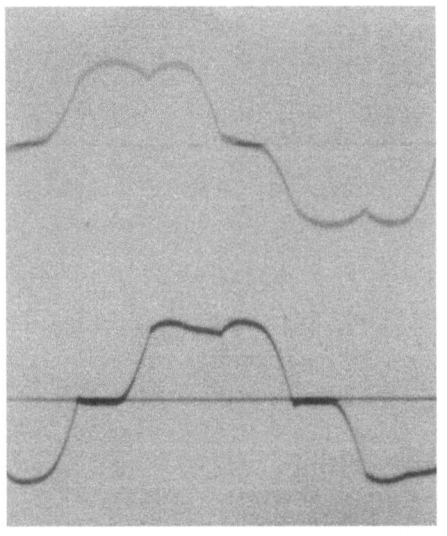

$\alpha = 60°$

A b b i l d u n g   4.21h bis k
Ständerstrom für verschiedene Läuferstellungen

nur an ihrem absoluten Zeitpunkt. Für $\alpha = 60°$ ergeben sich wieder die gleichen Verhältnisse wie für $\alpha = 0$, da sich der Läufer um $60°$ gedreht, infolgedessen der Läuferstrom aber auch seine Phasenlage um $60°$ geändert hat.

Der Ständerstrombelag wird nach der Durchflutungsbedingung gemäß Abschnitt 4.2 für die einzelnen Zeitmomente und Stellungen konstruiert. Aus seinem Verlauf folgt der Ständerstrom der einzelnen Phasen (Abb. 4.21c; i_U ist zur Verdeutlichung stark ausgezogen). Aus der Darstellung ergibt sich, daß sich jeweils nach Drehung um eine Zonenbreite derselbe Stromverlauf wieder einstellt. Während der Drehbewegung erscheint jede Stromhalbwelle in drei Teile aufgeteilt, von denen der mittlere erhalten bleibt, der rechte abnimmt und der linke wächst, während alle drei nach rechts wandern. Diese Wanderbewegung der Kurvenform läßt sich sehr gut mit dem Oszillographen betrachten. Zum Vergleich dienen die Oszillogramme (Abb. 4.21d bis k), die dadurch entstanden, daß der Läufer jeweils um 1/6 Zonenbreite - entsprechend $\alpha = 10°$ - weitergedreht wurde.

4.22 Ständerstrom in Abhängigkeit von der Läuferbewegung

Um den Ständerstrom für eine bestimmte Drehzahl zu konstruieren, sind dieselben Schritte erforderlich wie bisher:

1. Darstellung der Läuferströme im Zeitdiagramm, jetzt aber unter Berücksichtigung der schlupfabhängigen Frequenz
2. Ermittlung der Läuferstrombeläge abhängig von der Zeit, ausgedrückt durch φ_2, und der Läuferstellung α
3. Konstruktion der Ständerstrombeläge
4. Daraus Ermittlung des Ständerstromes

Trägt man den Läuferstrom über $\varphi_2 = \omega_2 \cdot t$ auf und gibt man die Läuferstellung mit $\alpha = \omega \cdot t$ an, so folgt daraus ein Zusammenhang zwischen dem zeitlichen Verlauf des Läuferstromes und der Verdrehung des Läufers zu

$$\alpha = \frac{\omega}{\omega_2} \cdot \varphi_2$$

$$\alpha = \frac{1-s}{s} \cdot \varphi_2 \quad . \tag{4.22}$$

Zur Demonstration wird der Ständerstrom für die Drehzahl $n = 250 \text{ min}^{-1}$ einer vierpoligen Maschine konstruiert. Dafür wird

$$s = \frac{5}{6} \quad ; \quad f_2 = \frac{5}{6} f_1 \quad ; \quad T_2 = \frac{6}{5} T_1 \quad ; \quad \varphi_2 = \frac{6}{5} \varphi_1 \quad ; \quad \alpha = \frac{1}{5} \varphi_2 \quad .$$

Für t = 0 sei α = 0 und φ_2 = 0. Also hat die Spannung e_u ihren Scheitelwert, woraus sich die zeitliche Lage der Ströme i_u, i_v und i_w ergibt (Abb.4.22a; Strom i_u stark ausgezogen). Im Zeitraum φ_2 = 0 bis 60° ändert sich am Verlauf der Ströme nichts, während sich der Läufer um α = 0 bis 12° dreht. Es verschiebt sich also in dieser Zeit der Läuferstrombelag gegen den Ständer, bleibt aber bezogen auf den Läufer konstant. Der Ständerstrombelag jeder Phase muß sich jetzt mit der Läuferbewegung so ändern, daß jeweils die Durchflutungsbedingung erfüllt wird. Diesem Vorgang entspricht der lineare Anstieg oder Abfall des Ständerstromes in Abbildung 4.22b. Bleibt in dieser Zeit der Strombelag gegenüber einer

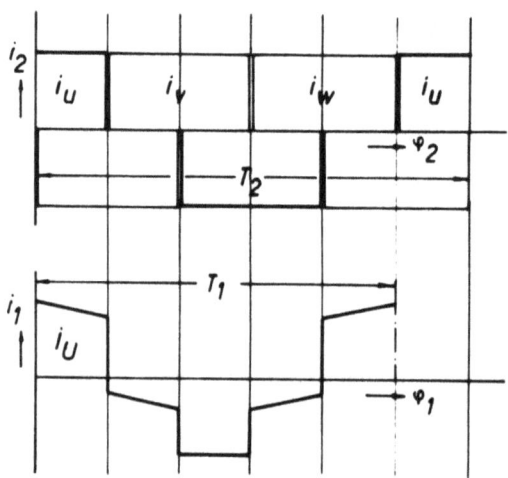

A b b i l d u n g   4.22a und b
Läufer- und Ständerstrom bei n = 250 min^{-1}

Phase konstant (Phase W in Abb. 4.22c), so ändert sich auch der Ständerstrom nicht. (i_w wurde der Deutlichkeit halber nicht in Abb. 4.22b eingetragen). Zur Zeit φ_2 = 60, 120, 180° etc. erfolgt jeweils eine sprungartige Änderung des Läuferstromes und damit auch des Läuferstrombelages. Also ändert sich auch der Ständerstrombelag und damit der Ständerstrom sprungartig. Für die Zeiträume φ_2 = 60 bis 120° oder φ_2 = 120 bis 180° etc. erfolgt wieder eine lineare Änderung oder Konstanz. Der Ständerstrom läßt sich konstruieren, wie in Abbildung 4.22c gezeigt wird. Die Kurvenform des Ständerstromes wiederholt sich, sobald der Läuferstrombelag gleiche Gestalt und Lage annimmt wie zur Zeit t=0. In unserem Beispiel ist dies für φ_2 = 300° der Fall. Der Zeitraum stellt eine Periode T des Ständerstromes dar. In Abbildung 4.22b ist T mit T_1 identisch.

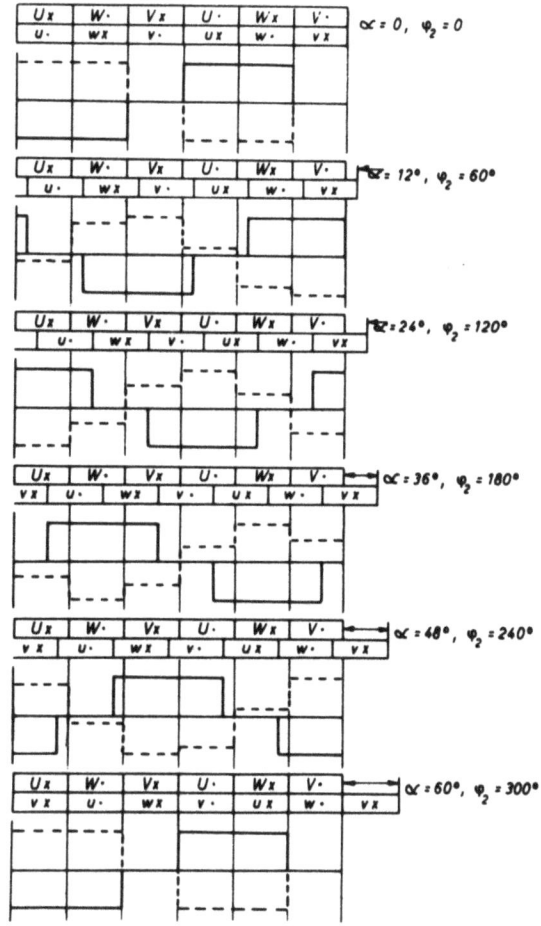

Abbildung 4.22c
Zur Konstruktion des Ständerstromes

Nach dem gleichen Prinzip werden die Ständerströme noch für weitere Drehzahlen konstruiert, um einen Überblick über ihre Kurvenform in Abhängigkeit von der Drehzahl zu gewinnen. Dabei wurde in Abbildung 4.22d vereinfachend nicht mehr der Läuferzonenplan und der Ständerstrombelag sondern nur noch der Läuferstrombelag eingetragen. Der Ständerstrom folgt aus Abbildung 4.22d nach dem Durchflutungsprinzip. Abbildung 4.22e stellt die Ständerströme für die Phase U dar. Die übrigen Phasen wurden wegen der Übersichtlichkeit nicht eingetragen.

Aus Abbildung 4.22e folgt als wichtiges Ergebnis:

1. Der Ständerstrom ist nicht mehr rechteckförmig wie der Läuferstrom
2. Der Kurvenverlauf während der Netzperioden T_1 ist nicht für alle Perioden gleich
3. Dem Vorgang mit Netzfrequenz ist ein anderer Vorgang mit netzfremder Frequenz (Periodendauer T) überlagert.

Zur Bestätigung des konstruierten Kurvenverlaufes wurde der Ständerstrom einer Phase für die entsprechenden Drehzahlen oszillographiert. Und zwar wurde zunächst die GHM kurzgeschlossen, um die charakteristischen Merkmale der Kurvenform klarer hervortreten zu lassen. Dann

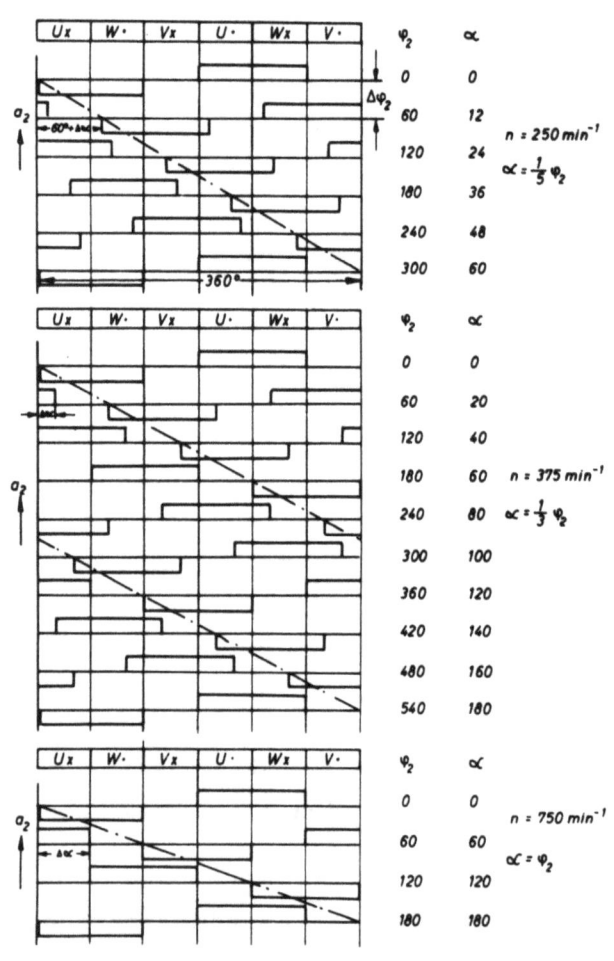

Abbildung 4.22d
Zur vereinfachten Ständerstromkonstruktion

wurde bei normalem Betrieb oszillographiert, um insbesondere den sinusförmigen Stromverlauf bei hohen Drehzahlen zu demonstrieren. Oszillogramme und Konstruktionen zeigen eine gute Übereinstimmung (Abb. 4.22f bis q). Dabei ist natürlich zu berücksichtigen, daß die Konstruktion unter verschiedenen Vereinfachungen erfolgte. So ist die Unsymmetrie im Kurvenverlauf, die auf den Oszillogrammen deutlich zu sehen ist, auf die endliche Kommutierungszeit zurückzuführen (Abschn. 4.23). Der gewölbte Stromverlauf (ähnlich wie in Abb. 4.1d) bei den Aufnahmen für kurzgeschlossene GHM ist durch das Fehlen der Kathodendrossel bedingt.

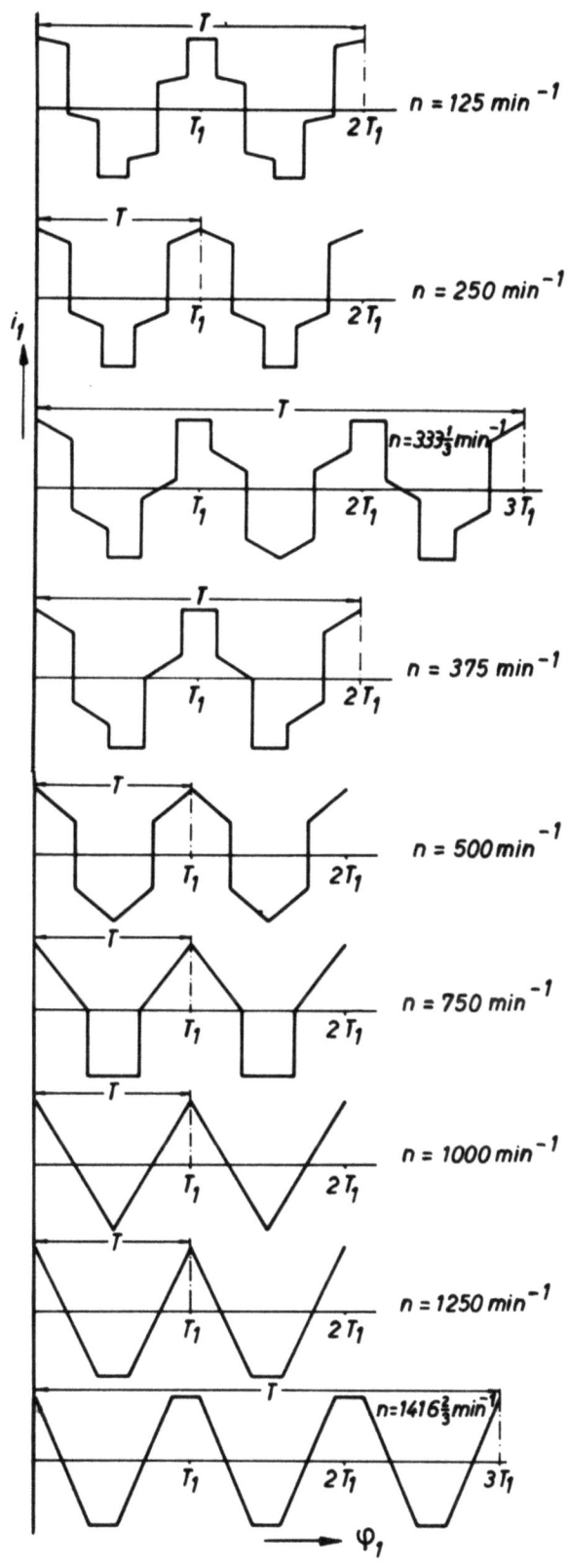

Abbildung 4.22e

Ständerströme der Phase U für verschiedene Drehzahlen

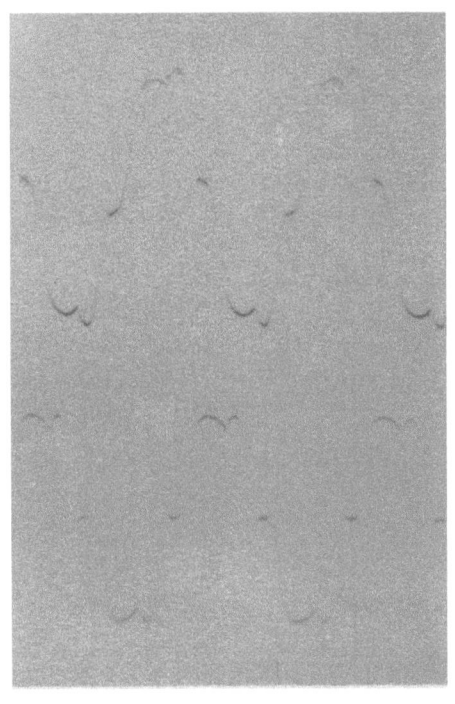

f) $\begin{aligned} n &= 0 \\ T &= T_1 \end{aligned}$

h) $\begin{aligned} n &= 250 \text{ min}^{-1} \\ T &= T_1 \end{aligned}$

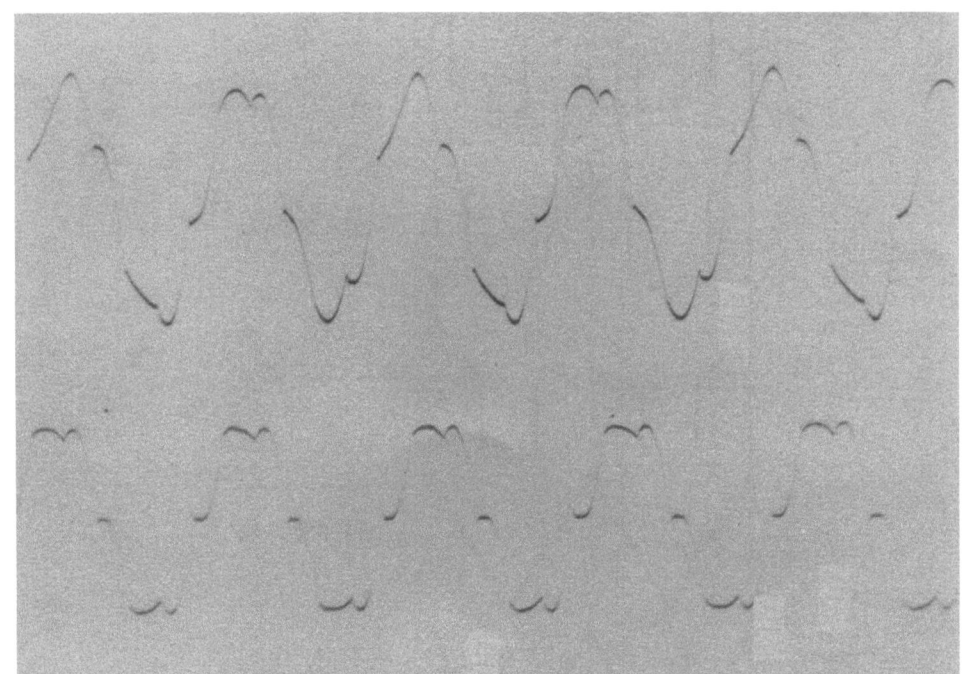

g) $\begin{aligned} n &= 125 \text{ min}^{-1} \\ T &= 2\,T_1 \end{aligned}$

Abbildung 4.22f bis h

Ständer- und Läuferstrom bei kurzgeschlossener GHM

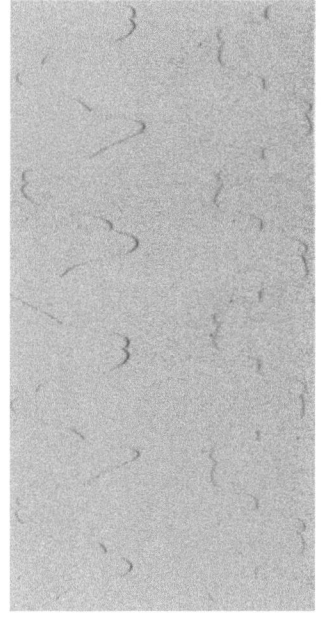

$n = 333\ 1/3\ \text{min}^{-1} \quad T = 3\ T_1$

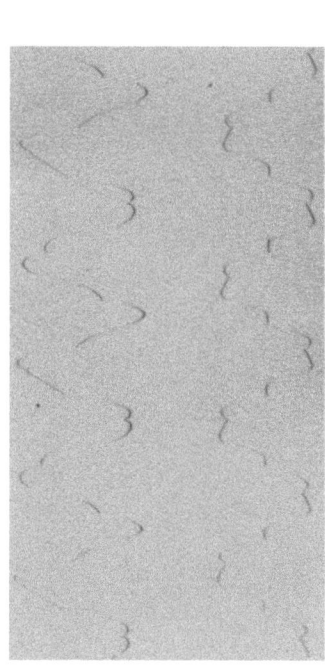

$n = 416\ 2/3\ \text{min}^{-1} \quad T = 3\ T_1$

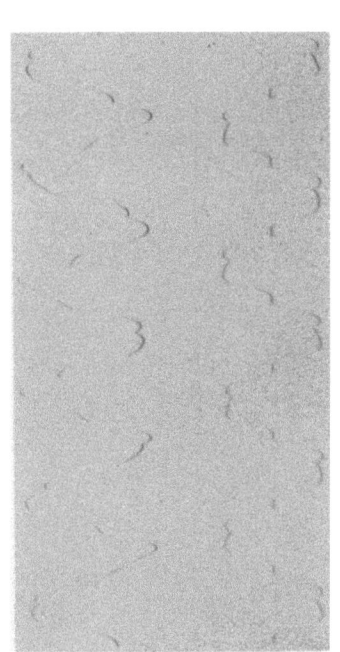

$n = 300\ \text{min}^{-1} \quad T = 5\ T_1$

$n = 375\ \text{min}^{-1} \quad T = 2\ T_1$

A b b i l d u n g 4.22i bis m

Ständer- und Läuferstrom bei kurzgeschlossener GHM

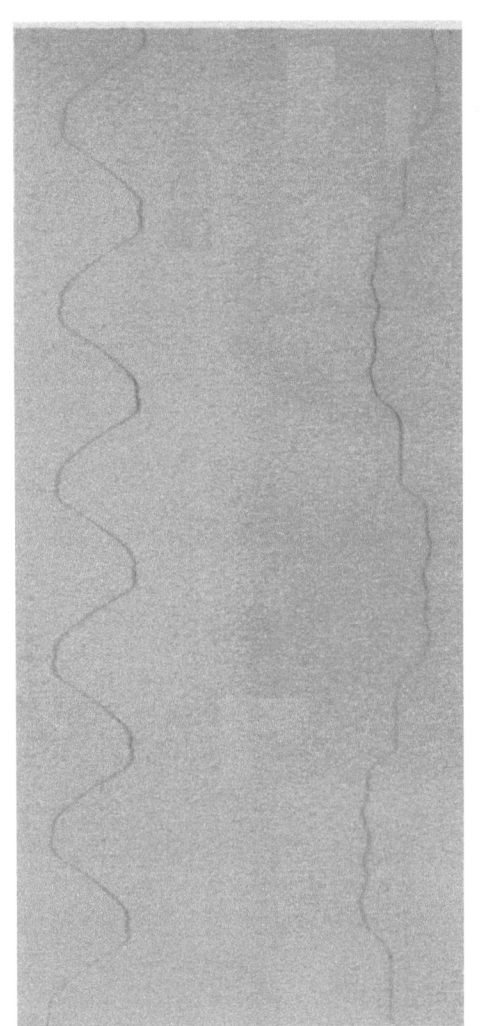
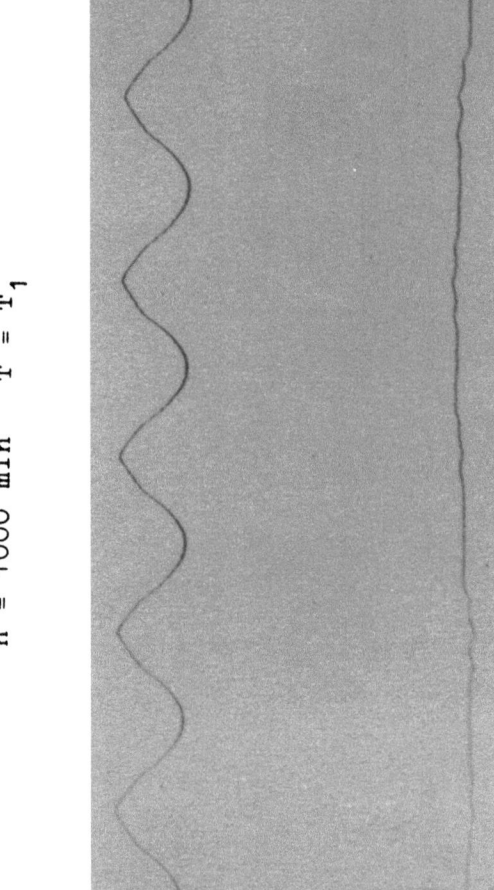
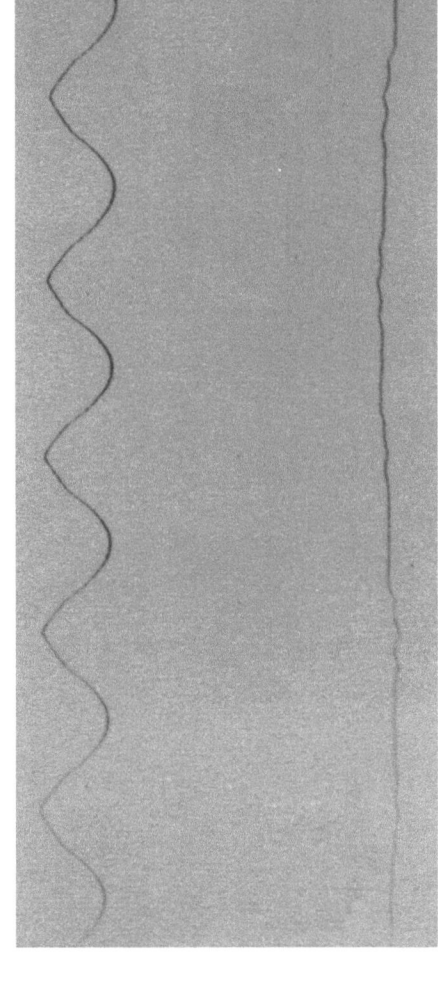
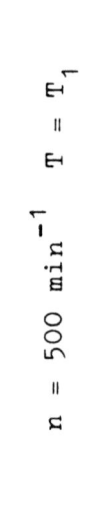
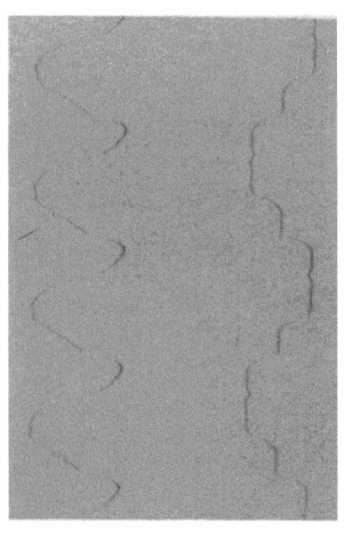

n = 1000 min^{-1} T = T$_1$

n = 1250 min^{-1} T = T$_1$

n = 500 min^{-1} T = T$_1$

n = 750 min^{-1} T = T$_1$

A b b i l d u n g 4.22n bis q

Ständer- und Läuferstrom bei kurzgeschlossener GHM

4.23 Berücksichtigung der Kommutierungsdauer

Wie schon erwähnt geben die konstruierten Beispiele den Stromverlauf nicht exakt wieder. Sie dienten dazu, das Prinzip zu zeigen. Betrachtet man nun den tatsächlichen Kurvenverlauf des Läuferstromes, so kann man ohne allzu große Abweichungen von der Wirklichkeit (vgl.Abb.4.24c) nach wie vor eine unendlich große Kathodendrossel annehmen. Die endliche Kommutierungsdauer muß aber berücksichtigt werden. Um ihren Einfluß auf die Kurvenform zu zeigen, wird wieder ein Beispiel für $n = 250 \text{ min}^{-1}$ durchgeführt. Zur Vereinfachung wird Anstieg und Abfall des Läuferstromes linear angenommen. Die Kommutierungsdauer wird zu ü = $30°$ gewählt. Abbildung 4.23a stellt den Läuferstrom dar.

Da der Läuferstrom jetzt nicht mehr sprungartig seinen Verlauf ändert, erfolgt auch nicht mehr eine sprungartige Änderung der Strombeläge wie in Abbildung 4.22d, sondern ein kontinuierlicher Übergang (Abb. 4.23c). Während der Kommutierungszeit (φ_2 = 0 bis 30, 60 bis $90°$ etc.) muß die Änderung der Läuferstrombeläge berücksichtigt werden. Für das gewählte Beispiel wurde der Läuferstrombelag während der fünf Kommutierungen

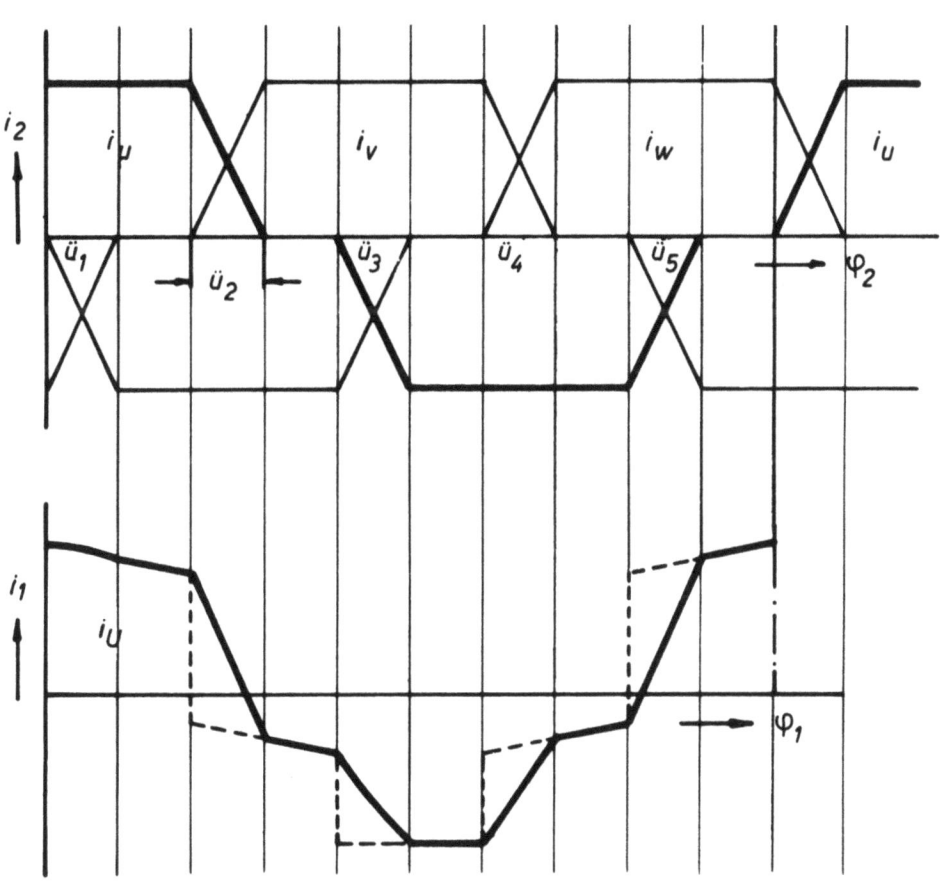

Abbildung 4.23a und b
Ströme bei endlicher Kommutierungsdauer

$ü_{1-5}$ in Abbildung 4.23c dargestellt. Den daraus bestimmten Ständerstrom zeigt für die Phase U die Abbildung 4.23b. Zum Vergleich wurde der Ständerstrom der vereinfachten Darstellung (gestrichelt) eingetragen. Man sieht sofort, daß sich die endliche Kommutierungszeit günstig auf die Kurvenform des Ständerstromes auswirkt. Die sprungartigen Stromänderungen verschwinden, so daß sich die Kurvenform viel stärker der Sinuskurve anpaßt. Die gleiche Wirkung läßt sich auch bei den Ständerströmen für andere Drehzahlen feststellen.

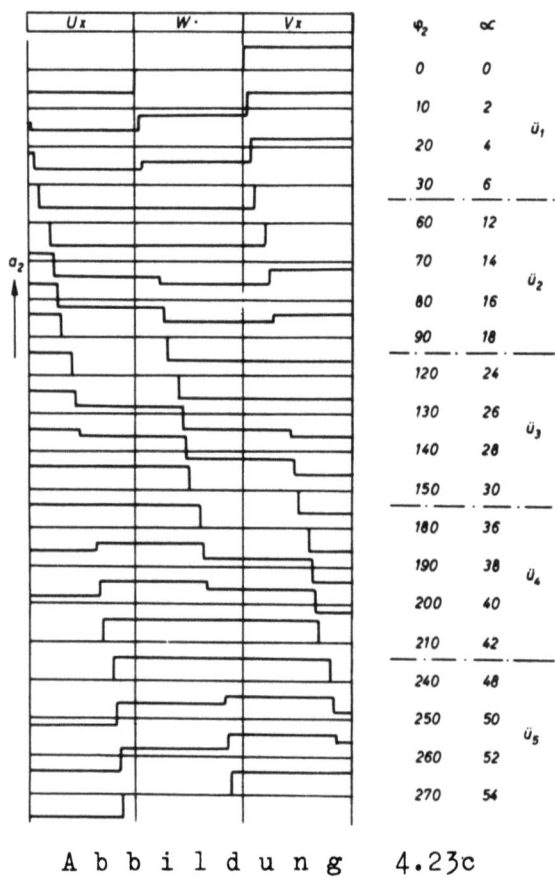

Abbildung 4.23c

Zur Konstruktion des Ständerstromes während der fünf Kommutierungen $ü_{1-5}$

Weiterhin kann man eine Phasenverschiebung der Grundwelle erkennen, da sich insgesamt die Stromflächen gegenüber der vereinfachten Darstellung nacheilend verschoben haben. Gleichzeitig erklärt sich, warum die Halbwellen des Ständerstromes unsymmetrisch zu ihrer mittleren Ordinate sind. Zum Vergleich diene das Oszillogramm Abbildung 4.22h, auf dem der Einfluß der Kommutierung sehr gut in Erscheinung tritt.

4.24 Periodizität des Primärstromes

Aus den bisherigen Betrachtungen ergibt sich die Frage, nach welchem Gesetz die Periode T, d.h. die Periode des überlagerten Vorgangs, zustande kommt. Stellt man nämlich die Periodendauer T für verschiedene Drehzahlen in einer Tabelle zusammen (Abb. 4.24a), so ergibt sich ein bestimmter Rhythmus, der von dem Verhältnis der jeweiligen Drehzahl

$\dfrac{n}{\min^{-1}}$	s	$\dfrac{T}{T_1}$	$\dfrac{T}{T_2}$	η	ζ	Oszlgr. Abb.
50	0,966	5	4,83	5	29	
75	0,95	10	9,5	10	57	
100	0,933	5	2,33	5	28	
125	0,916	2	1,83	2	11	4.22 g
150	0,9	5	4,5	5	27	
250	0,833	1	0,83	1	5	4.22 h
300	0,8	5	4,0	5	24	4.22 i
375	0,75	2	1,5	2	9	4.22 l
500	0,666	1	0,33	1	4	4.22 n
600	0,6	5	3,0	5	18	
625	0,583	2	1,17	2	7	
750	0,5	1	0,5	1	3	4.22 o
875	0,416	2	0,83	2	5	
900	0,4	5	2,0	5	12	
1000	0,333	1	0,17	1	2	4.22 p
1125	0,25	2	0,5	2	3	
1200	0,2	5	1,0	5	6	
1250	0,166	1	0,17	1	1	4.22 q
1350	0,1	5	0,5	5	3	
1375	0,083	2	0,17	2	1	
1425	0,05	10	0,5	10	3	

A b b i l d u n g   4.24a
Periodendauer T

zur synchronen abhängt. Für die Drehzahlen n = 500 und 1000 ist $T = T_1$, wobei der Vorgang außerdem noch symmetrisch zur Abszissenachse verläuft. Für die Drehzahlen n = 250, 750 und 1250 ergibt sich ebenfalls $T = T_1$ allerdings schon ohne Symmetrie zur Abszisse. Teilt man die synchrone

Drehzahl weiter, so erhält man für n = 125, 375, 625, 875 etc. T = $2T_1$. Für n = $333\frac{1}{3}$, $416\frac{2}{3}$ etc. wird T = $3T_1$, für n = 50, 100, 150, 200 etc. T = $5T_1$ etc.. Hinzu kommt noch, daß die Ströme mit steigenden Drehzahlen immer sinusförmiger werden. Sehr anschaulich zeigen diese Periodizität die zugehörigen Oszillogramme (Abb. 4.22f bis q).

Um über die Periodendauer eine Aussage machen zu können, muß der Zeitpunkt bestimmt werden, an dem sich der Kurvenverlauf wiederholt. In Abbildung 4.22d trägt man eine Linie (strichpunktiert) ein, die alle Ansatzpunkte des sich verschiebenden Läuferstrombelages miteinander verbindet. Der Schnittpunkt dieser Linie gleichzeitig mit einer Waagerechten (Abstand der Waagerechten voneinander: $\Delta\varphi_2$ = 60°) und einer Senkrechten (Abstand der Senkrechten voneinander: α' = 2τ = 360°) entspricht dem gesuchten Zeitpunkt. Denn hat sich der Läuferstrombelag um 2τ oder ein Vielfaches davon verschoben, so bestehen wieder dieselben Strombelagsverhältnisse wie zur Zeit t = 0.

Bezeichnet man nun einen "Zeitsprung" des Läuferstromes von 60° mit $\Delta\varphi_2$, die Läuferverschiebung während dieses Sprunges mit $\Delta\alpha$, die Zahl der Sprünge $\Delta\varphi_2$ bis zu dem gesuchten Zeitpunkt mit η und die Vielfachen von 2τ = 360° bis zu dem gesuchten Zeitpunkt mit ζ, so läßt sich nach Abbildung 4.22d das Verhältnis aufstellen

$$\frac{\eta \cdot \Delta\varphi_2}{\zeta \cdot 360°} = \frac{\Delta\varphi_2}{60° + \Delta\alpha}$$

Mit Gleichung (4.22) und $\Delta\varphi_2$ = 60° folgt daraus

$$\frac{\eta \cdot \Delta\varphi_2}{\zeta \cdot 360°} = \frac{\Delta\varphi_2}{60° + \frac{1-s}{s}\Delta\varphi_2}$$

$$\boxed{\eta = \zeta \cdot 6 \cdot s} \tag{4.24a}$$

Dieser Zusammenhang zwischen η und ζ liefert zweierlei:
1. Die Periodendauer T. Denn mit

$$\varphi_1 = s \cdot \varphi_2 \quad \text{und} \quad T_2 = 6 \cdot \Delta\varphi_2 \quad \text{bzw} \quad T_1 = 6 \cdot \Delta\varphi_1$$

folgt aus $T = \eta \cdot \Delta\varphi_2$ die Periodendauer zu

$$T = \zeta \cdot 6 \cdot s \frac{\Delta\varphi_1}{s}$$

$$\boxed{T = \zeta \cdot T_1} \tag{4.24b}$$

2. Die Zahl der Sprünge η des Ständerstromes pro Periode T.

Da η und ζ ganze Zahlen sein müssen, läßt sich aus den Gleichungen (4.24a und b) zu jedem Schlupf die Periodizität des überlagerten Vorganges sowie die Häufigkeit der Stromsprünge angeben. An den konstruierten Strombeispielen (Abb. 4.22e) sieht man am besten die Bedeutung der Faktoren η und ζ. Für große Schlupfwerte, also kleine Drehzahlen, wird das Verhältnis $\frac{\eta}{\zeta}$ ungefähr gleich sechs. Das bedeutet, es erfolgen ca. 6 Sprünge in einer Netzperiode T_1. Der Strom ist stark verzerrt und wenig sinusförmig. Für kleine Schlupfwerte, also hohe Drehzahlen, wird das Verhältnis $\frac{\eta}{\zeta}$ ungefähr gleich eins bis null. Es erfolgen in einer Netzperiode kaum noch Stromsprünge. Der Ständerstrom wird wegen der bei der Konstruktion gemachten Vereinfachungen trapezförmig, in Wirklichkeit jedoch fast sinusförmig, wie die Oszillogramme (Abb. 4.24b bis d) zeigen.

Damit ist die Frage nach der Periodizität beantwortet. Zum Vergleich wurden die für die einzelnen Drehzahlen errechneten Werte von η und ζ in die Tabelle (Abb. 4.24a) eingetragen. Die Tabelle ist in ihrem Aussagewert beschränkt, da nur einige Drehzahlen aufgeführt werden konnten. Würde man alle Drehzahlen zwischen Stillstand und Synchronismus eintragen, so könnte man sehen, daß die Periode T um so größer wird, je "ungünstiger" der Schlupf unter Beachtung von Gleichung (4.24a) ist. Weicht nämlich die Drehzahl von einer "günstigen" Drehzahl nur wenig ab, so wird im Schlupf $s = \frac{Z}{N}$ (als Bruch geschrieben) der Nenner sehr groß. Also muß ζ ebenfalls groß werden, damit sich η als ganze Zahl ergibt. Läßt sich dagegen der Schlupf durch kleine Brüche ausdrücken, so kann auch ζ klein sein.

Günstiger Fall: $n = 500\ \text{min}^{-1}$; $s = \frac{2}{3}$. Da ζ minimal gleich 1 werden kann, wird nach Gleichung (4.24a) $\eta = 4$.

Ungünstiger Fall: $n = 501\ \text{min}^{-1}$; $s = \frac{999}{1500}$. Also ergibt sich $\eta = \zeta \cdot \frac{999}{250}$.

Man erhält $\zeta = 250$, damit η eine ganze Zahl werden kann: $\eta = 999$.

<u>Wichtig und entscheidend</u> für die Verwendungsfähigkeit des Steuersatzes ist, daß die ungünstige Rückwirkung des Gleichrichters auf das speisende Netz also nur bei kleinen Drehzahlen von Bedeutung ist. Bei Stillstand entspricht sie der eines Transformators mit Gleichrichter: $\zeta = 1$ und $\eta = 6$. Bei hohen Drehzahlen, also im Bereich, der für eine wirtschaftliche Steuerung in Frage kommt, sind dagegen die Ströme fast sinusförmig. <u>Das Netz wird nicht mit Oberwellen belastet!</u> Zur Demonstration dienen die Oszillogramme (Abb. 4.24b bis d), die für Normalbetrieb aufgenommen wurden.

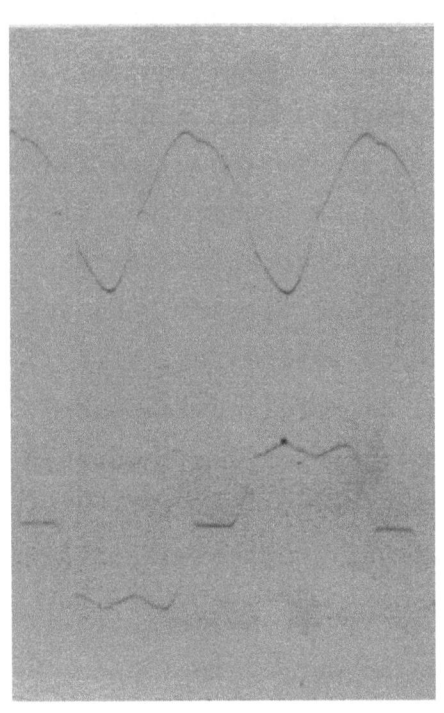

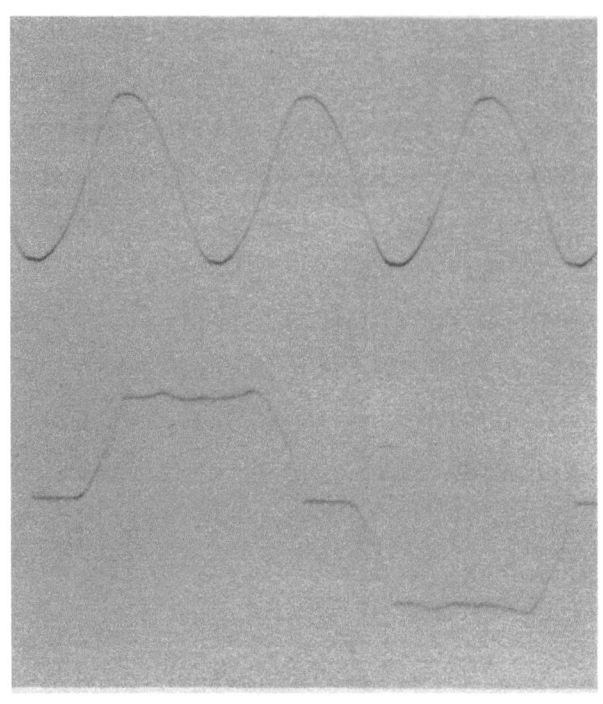

$n = 750 \text{ min}^{-1}$

$n = 1000 \text{ min}^{-1}$

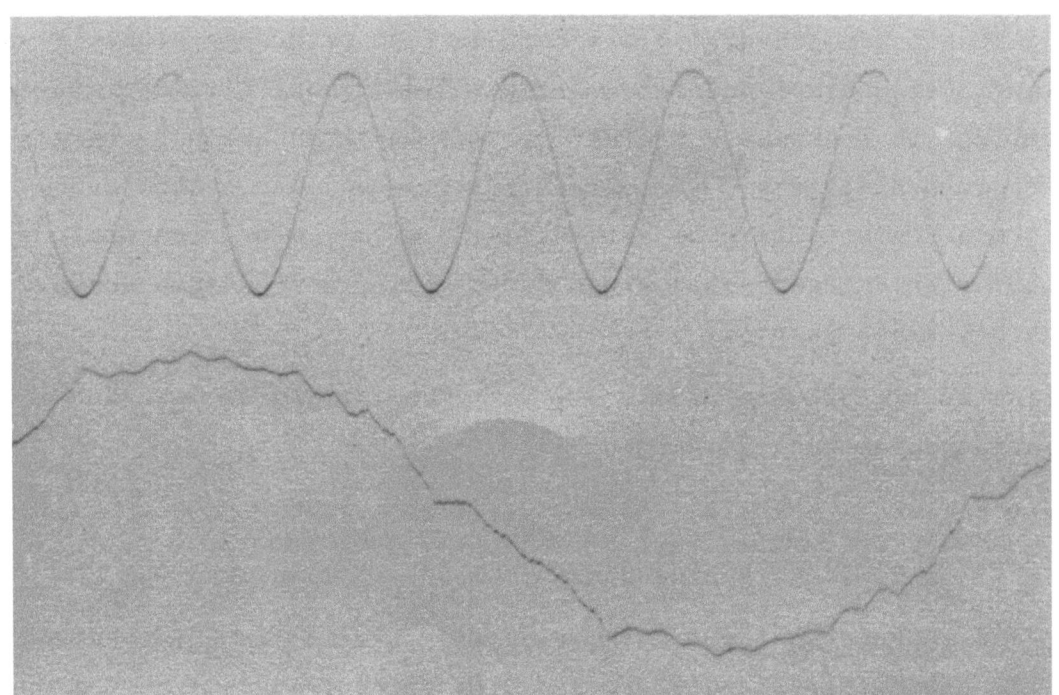

$n = 1250 \text{ min}^{-1}$

A b b i l d u n g 4.24b bis d
Ständer- und Läuferstrom bei Normalbetrieb

4.3 Dynamisches Verhalten

Das dynamische Verhalten des Steuersatzes wurde untersucht, um festzustellen, ob irgendwelche unerwarteten Schwierigkeiten insbesondere für den Gleichrichter auftreten würden. Da der Selengleichrichter im Hinblick auf die Stromüberlastung sehr robust ist, sind für ihn kurzzeitige Stromstöße ungefährlich. Dagegen müssen sie beim Silizium- und Germaniumgleichrichter beachtet werden. Im Hinblick auf die Spannungsüberlastung sind die letzteren unempfindlicher.

Der ungünstigste Fall einer Stoßbelastung ist der, daß der Satz aus dem Leerlauf heraus abgebremst wird. Bringt man das Bremsmoment M schlagartig auf, so sinkt zunächst die Drehzahl linear mit der Zeit nach

$$\frac{n}{n_1} = 1 - \frac{M}{2\pi n_1 \cdot \Theta} \cdot t$$

Das Trägheitsmoment Θ der rotierenden Massen ist für die Steilheit des Abfalles maßgeblich. Die induzierte Läuferspannung E_2 steigt mit dem Schlupf - also linear - an. Nimmt man an, der Läufer der VM sei offen und es flösse kein Strom, so würde die Läuferspannung im ungünstigsten Fall (Abbremsen bis zum Stillstand) auf ihren Maximalwert $E_{2\,max} = U_1'$ steigen. Belastet man den Läufer mit Gleichrichter und GHM, so entspricht das dem Aufschalten einer linear ansteigenden Wechselspannung auf einen aus R und L gebildeten Stromkreis. Der Strom wächst also nach der Zeitkonstanten des Kreises und bildet das Gegenmoment, das die neue Gleichgewichtslage hervorruft.

Wesentlich ist hierbei zweierlei:

1. Die Läuferspannung steigt allmählich maximal auf ihren Stillstandswert. Ist der Gleichrichter für diesen Wert bemessen, so treten bezüglich der Spannung keine Schwierigkeiten auf.

2. Der Strom steigt ebenfalls allmählich auf seinen Endwert. Es erfolgt kein Überschwingen oder eine stoßartige Stromspitze.

Bei der 2W bleibt die Spannung der GHM konstant, da diese nicht vom Drehzahlabfall betroffen wird, während bei der 1W die Spannung der GHM mit der Drehzahl abfällt. Das bedeutet, bei ihr wird der Strom noch schneller ansteigen und damit der Gleichgewichtszustand schneller erreicht sein.

Bei schlagartiger Entlastung tritt der umgekehrte Vorgang auf. Die sinkende Läuferspannung hat einen gemäß der Zeitkonstanten des Läuferkreises sinkenden Strom zufolge, der das Gleichgewicht wiederherstellt. Auch hierbei steigt die Spannung der GHM bei der 1W an, bewirkt also einen schnelleren Stromabfall und damit ein früheres Erreichen des Gleichgewichts.

Das Zu- und Abschalten von Stoßlast wurde für beide Anordnungen und verschiedene Leerlaufdrehzahlen (verschiedene Erregung der GHM) oszillographiert. Dabei wurde der Verlauf des Ständer-, Läufer- und Gleichstromes, der Läufer-, Gleich- und Tachomaschinenspannung zur Drehzahldarstellung aufgenommen:

1. 1W ohne RW, $n_o = 1300 \text{ min}^{-1}$ Abbildung 4.3a
2. 1W mit GRW $n_o = 1300 \text{ min}^{-1}$ Abbildung 4.3b
3. 2W ohne RW $n_o = 1400 \text{ min}^{-1}$ Abbildung 4.3c
   $n_o = 400 \text{ min}^{-1}$ Abbildung 4.3d

Die Oszillogramme bestätigen das oben Gesagte. Die Oszillogramme der 1W mit GRW (geringerer Drehzahlabfall) zeigen im dynamischen Verhalten keinen Unterschied zur 1W ohne GRW.

Zum Vergleich wurde der Vorgang für die 2W noch für eine kleine Leerlaufdrehzahl ($n_o = 400 \text{ min}^{-1}$) dargestellt. Es ist ebenfalls kein prinzipieller Unterschied festzustellen.

5. Der Trockengleichrichter

5.1 Schaltung und Wirkungsweise

Bei dem vorliegenden Steuersatz wird als Zwischenglied von Asynchron- und Gleichstrommaschine an Stelle eines Einankerformers ein Trockengleichrichter verwendet. Er übernimmt die Funktion des Frequenzwandlers, der die dreiphasige Läuferleistung in Gleichstromleistung verwandelt. Als Schaltung wird eine Drehstrombrücke gewählt. Sie hat den Vorteil gegenüber einer Mittelpunktsschaltung, daß als VM ein normaler Schleifringläufer verwendet werden kann, d.h. ein Läufer mit drei Schleifringen. Bei einer Mittelpunktsschaltung müßte der Mittelpunktsleiter über einen vierten Schleifring ausgeführt werden. Die Drehstrombrückenschaltung hat weiterhin den Vorteil, daß sie in ihrer Wirkungsweise einer sechsphasigen Schaltung entspricht. Das bedeutet, die Welligkeit ist geringer und der Gleichspannungsmittelwert größer als bei der dreiphasigen Schaltung.

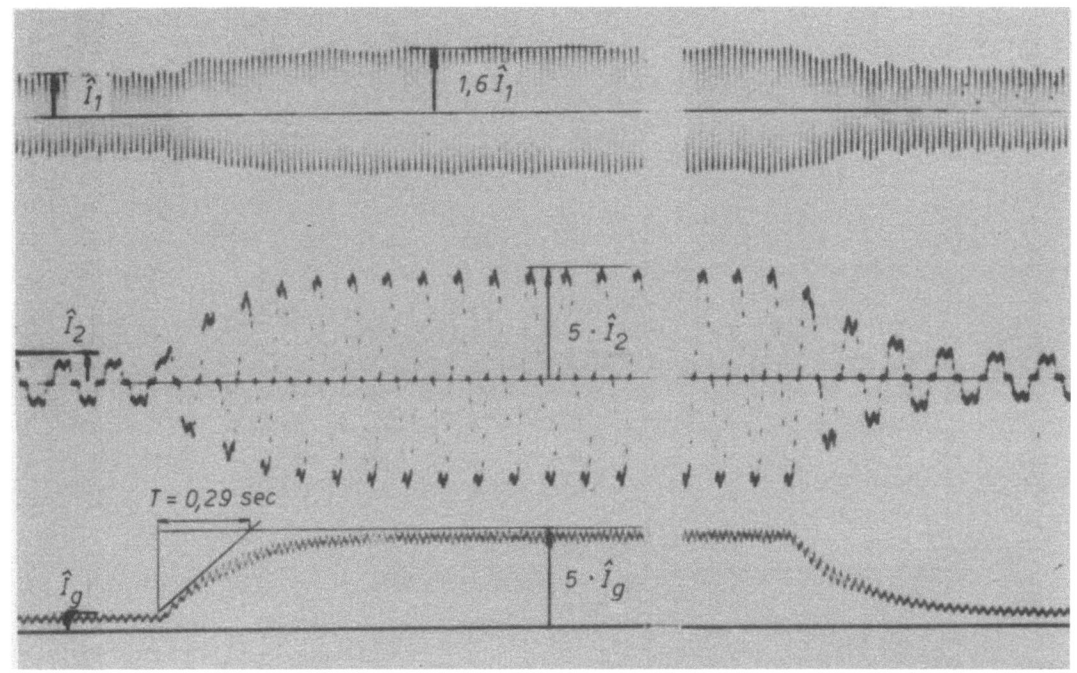
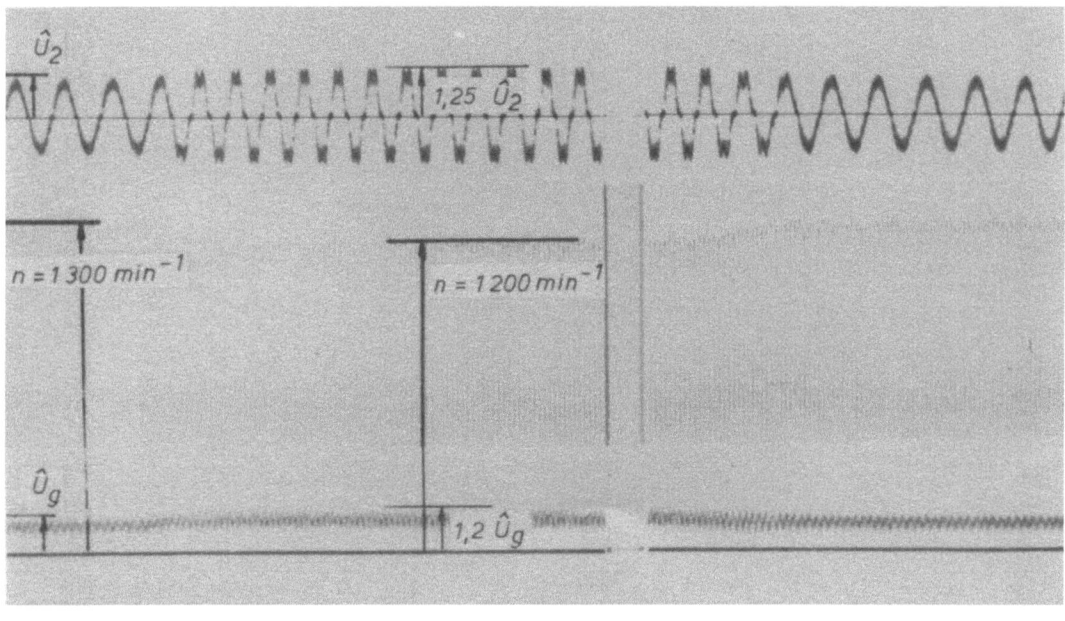

Abbildung 4.3a

Zu- und Abschalten von Stoßlast

1W ohne RW; $n_o = 1300$ min^{-1}

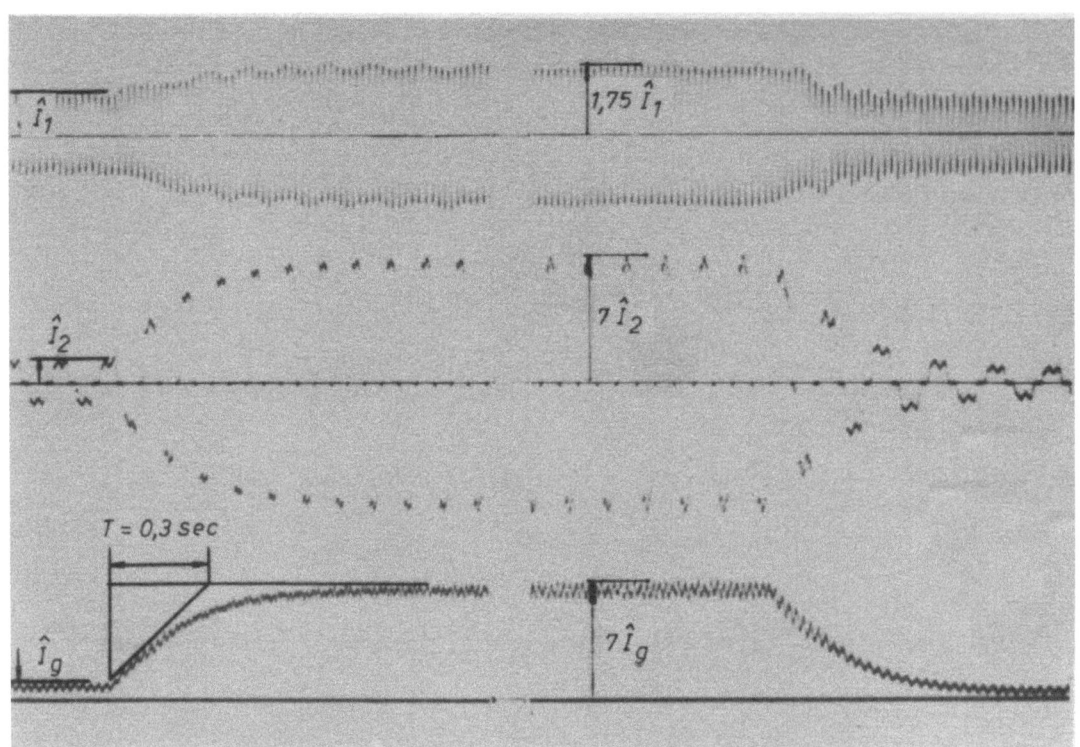
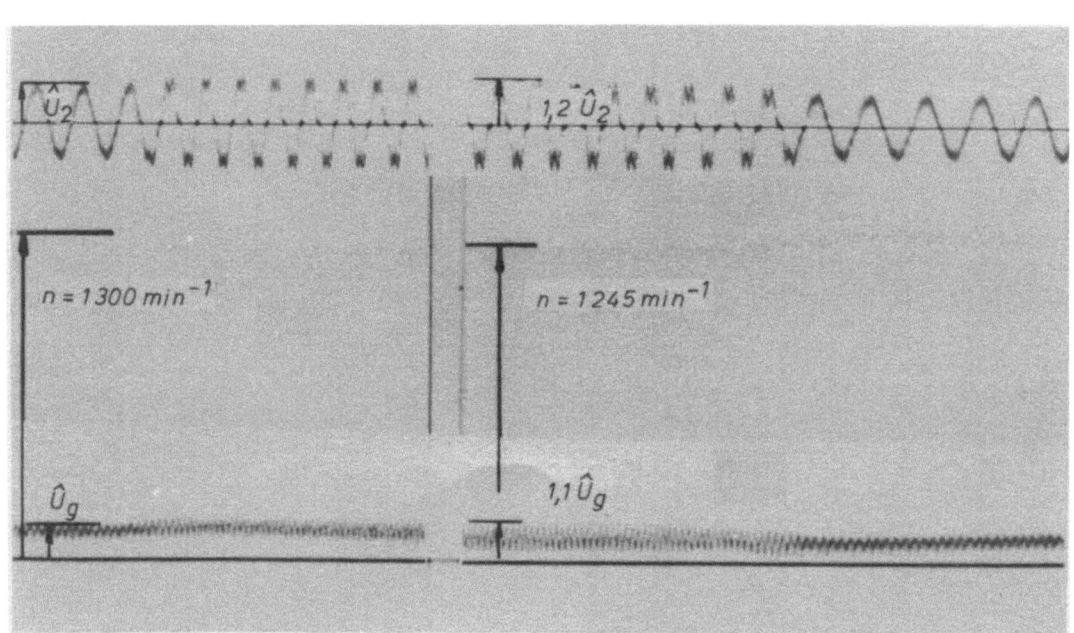

Abbildung 4.3b
Zu- und Abschalten von Stoßlast
1W mit GRW; $n_o = 1300\ min^{-1}$

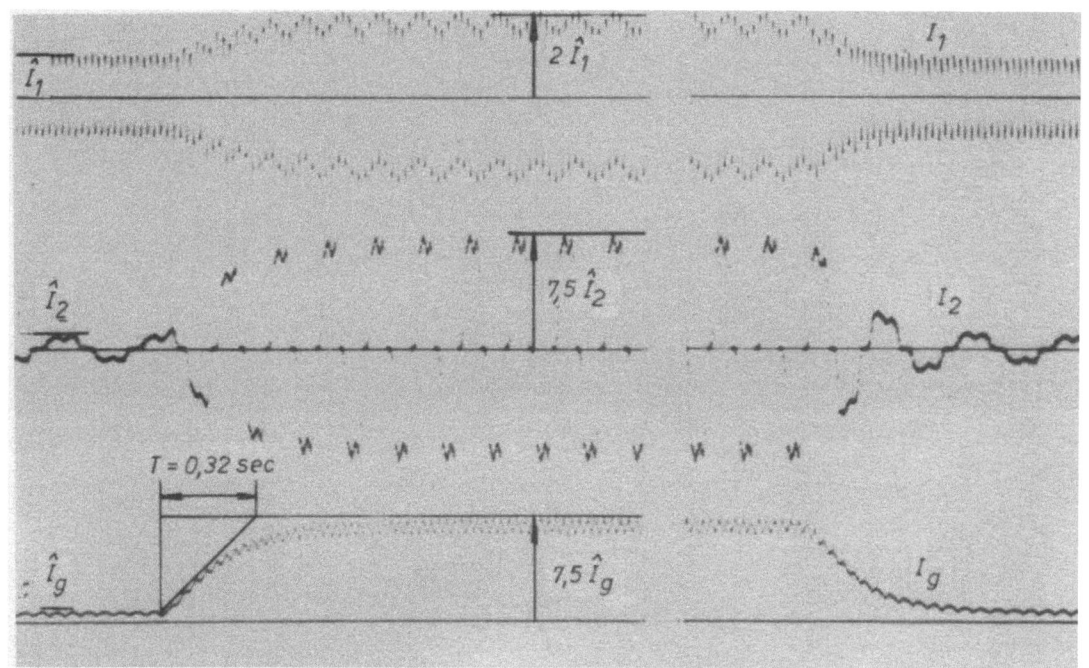

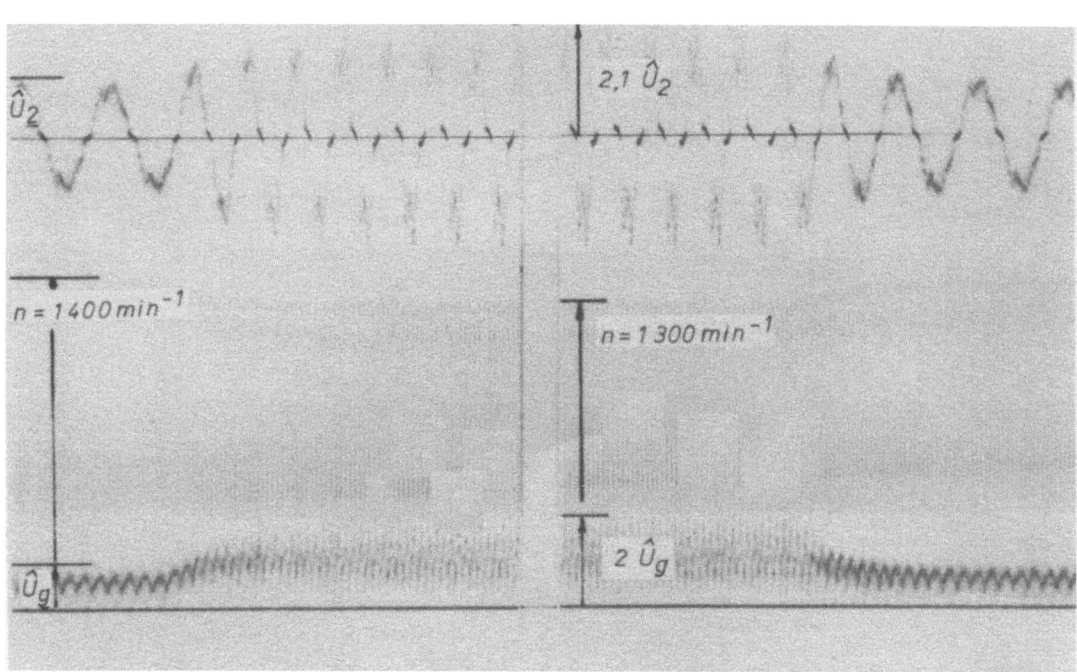

Abbildung 4.3c

Zu- und Abschalten von Stoßlast

2W ohne RW; $n_o = 1400\ min^{-1}$

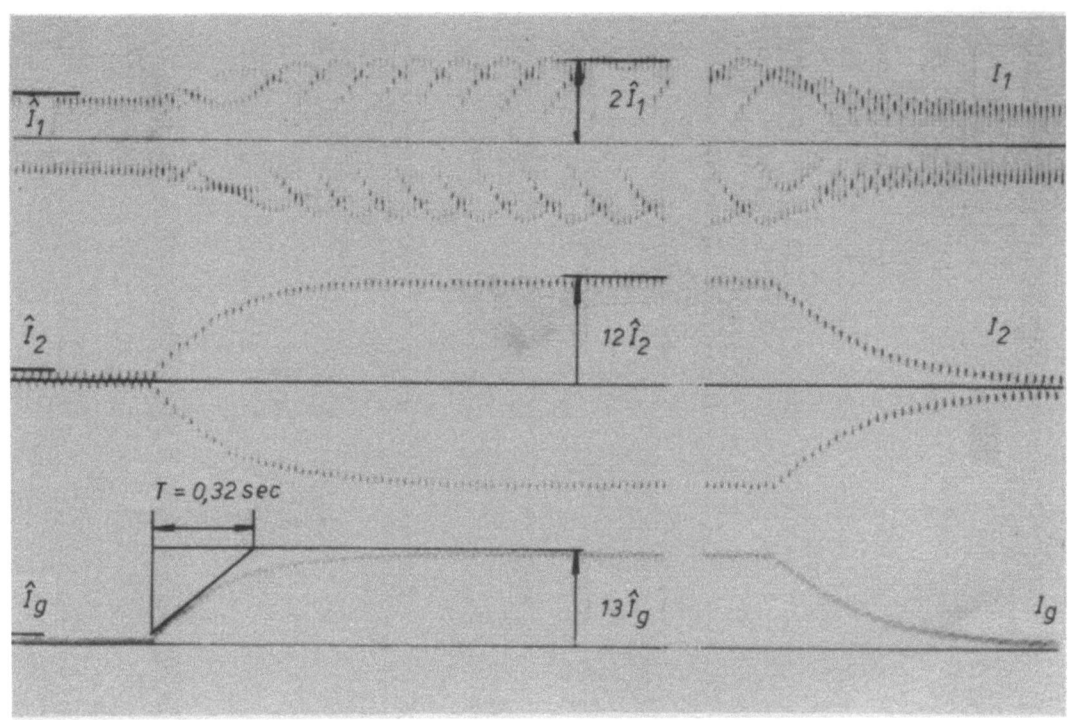

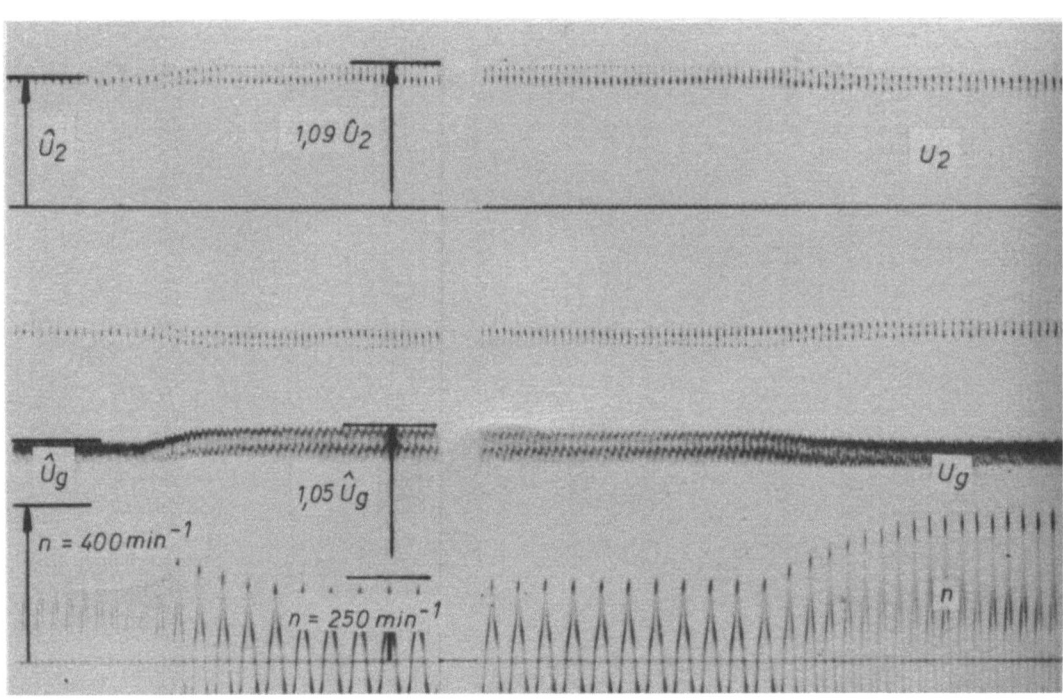

Abbildung 4.3d

Zu- und Abschalten von Stoßlast

2W ohne RW; $n_o = 400\ min^{-1}$

Der Verlauf von Strom und Spannung ergibt sich nach der Darstellung in Abschnitt 4.1. An dieser Stelle wird nur noch einmal rekapituliert, daß Spannung und Strom des Läufers phasengleich sind, wenn man von der durch die Kommutierung bedingten geringfügigen Phasenverschiebung absieht. (Unter "Strom" wird die Grundwelle des Stromes verstanden).

Da der analytischen Behandlung des Steuersatzes ein einphasiges Ersatzbild zugrunde gelegt wird, das für ein symmetrisches dreiphasiges Ersatzbild eintritt, ist es erforderlich, die Größen der Gleichstromseite auf die Drehstromseite umzurechnen. Die Umrechnungen [9] erfolgen nach Abbildung 5.1.

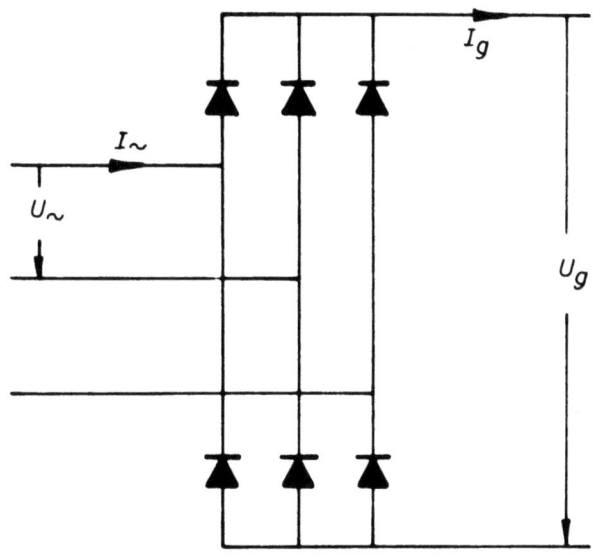

Abbildung 5.1

Zur Bestimmung der Brückenumrechnungsfaktoren

Spannung: Für die Gleichspannung gilt nach Abbildung 4.1c.

$$U_g = \frac{6}{\pi} \int_0^{30°} \sqrt{2} \cdot U_{v\sim} \cdot \cos\varphi \, d\varphi = \frac{3}{\pi}\sqrt{2} \cdot U_{v\sim} = 1{,}35 \, U_{v\sim} \quad .$$

Darin ist U_g der arithmetische Mittelwert der Gleichspannung, die bei vorgegebener sinusförmiger Wechselspannung vom Effektivwert $U_{v\sim}$ an den sekundären Klemmen des Gleichrichters gemessen wird. Die für das einphasige Ersatzbild maßgebliche Phasenspannung wird damit zu

$$U_{ph\sim} = \frac{\pi}{3\sqrt{6}} \cdot U_g = 0{,}427 \cdot U_g = b_u \cdot U_g$$

$b_u = 0{,}427$ ist der Brückenumrechnungsfaktor der Spannung.

Strom: Da der Wechselstrom in einer Halbperiode nur während der Zeit $\varphi = 120°$ fließt (Abb. 4.1e), ergibt sich aus dem Vergleich der Effektivwerte

$$I_\sim = \sqrt{\tfrac{2}{3}} \cdot I_g = 0{,}817 \cdot I_g = b_i \cdot I_g$$

$b_i = 0{,}817$ ist der Brückenumrechnungsfaktor des Stromes.

Widerstand: Ist der Gleichrichter sekundärseitig mit Widerstand und Gegenspannung belastet, so gilt für die Gleichspannung

$$U_g = E_g + I_g \cdot R_g \quad .$$

Auf die Drehstromseite umgerechnet ergibt das

$$U_\sim = b_u \cdot E_g + I_g \cdot b_u \cdot R_g \quad .$$

Führt man hierin den Wechselstrom $I_\sim$ ein, so gilt

$$U_\sim = E_\sim + I_\sim \cdot \frac{b_u}{b_i} \cdot R_g \quad .$$

Hieraus folgt die Widerstandsumrechnung zu

$$R_\sim = \frac{b_u}{b_i} \cdot R_g = b_r \cdot R_g \quad .$$

$b_r = 0{,}523$ ist der Brückenumrechnungsfaktor des Widerstandes. Ist die Gegenspannung wiederum eine Funktion des Stromes I_g, wie bei der Nebenschluß- oder Reihenschlußerregung der GHM, so gilt

Damit wird

$$E_g = E_{go} + I_g \cdot R_{gd}$$
$$U_g = E_{go} + I_g (R_{gd} + R_g)$$

und mit $R_{\sim d} = b_r \cdot R_{gd}$ $\quad U_\sim = E_{\sim o} + I_\sim (R_{\sim d} + R_\sim)$

Die Rotationsreaktanz R_{gd} wird also ebenfalls mit dem Faktor b_r umgerechnet.

(Anmerkung: In sämtlichen, auf den Läuferkreis bezogenen Gleichungen dieser Arbeit, werden die umgerechneten Gleichstromgrößen ohne Index "$\sim$" geschrieben. Er dient nur in 5.1 zur Unterscheidung! Falls es sich tatsächlich um nicht umgerechnete Gleichgrößen handelt, sind diese mit dem Index "g" versehen).

Leistung: Die im Läuferkreis gemessene Scheinleistung des Gleichrichters ist

$$N_{s\sim} = 3 \cdot U_\sim \cdot I_\sim = 3 \cdot b_u \cdot b_i \cdot N_g$$

$$N_{s\sim} = 1{,}048 \, N_g \quad .$$

Die Gleichleistung erscheint also im Läuferkreis um 5 % größer. Grund dafür ist die Verzerrungsleistung N_v, die durch den verzerrten Strom entsteht.

5.2 Ideale und wirkliche Gleichrichterkennlinie

Bei der Berechnung von Strom- und Spannungsverlauf (Abschn. 4.1) und bei der Ermittlung des Umrechnungsfaktors wurde vorausgesetzt, daß der Gleichrichter eine ideale Kennlinie nach Abbildung 5.2a habe. Das bedeutete, im Durchlaßbereich wurde mit dem Widerstand Null, im Sperrbereich mit dem Widerstand Unendlich gerechnet, der Gleichrichter also wie ein idealer Schalter behandelt.

Die tatsächliche Kennlinie (Abb. 5.2b) zeigt aber, daß Spannung im Durchlaß- und Strom im Sperrbereich nicht null sind. Den Spannungsabfall im Durchlaßbereich zerlegt man zweckmäßigerweise in einen konstanten stromunabhängigen und einen stromabhängigen Teil. Ersterer, die sogenannte Schleusenspannung, beträgt bei dem verwendeten Gleichrichter $U_S = 5$ V. Letzterer ist durch den Bahnwiderstand des Ventils bedingt, der $0,029 \Omega$ groß ist. Die Festlegung von U_S und R_D nach einer vorgegebenen Kennlinie ist in gewissen Grenzen willkürlich, gibt aber doch eine gute Näherung der tatsächlichen Verhältnisse wieder.

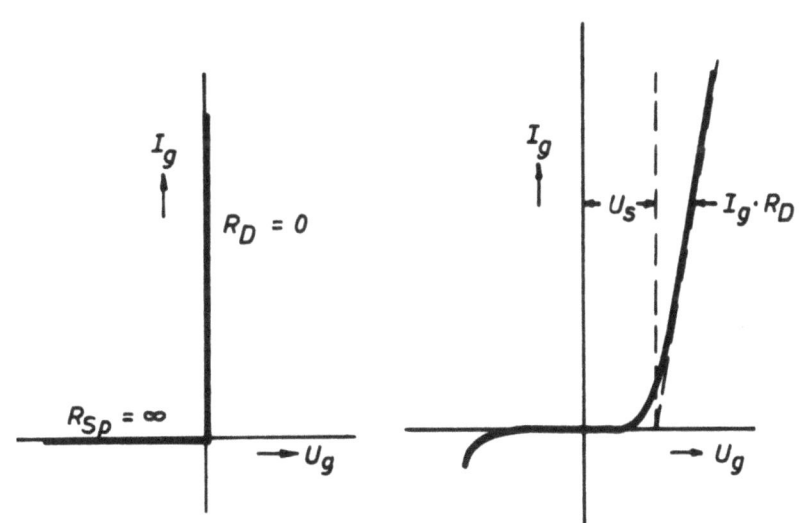

Abbildung 5.2a und b
Ideale und wirkliche Gleichrichterkennlinie

Die Abweichung der wirklichen Kennlinie von der idealen bedingt
1. Eine Änderung der Kurvenform von Strom und Spannung. Diese ist jedoch so geringfügig, daß man sie vernachlässigen kann [10]. Nur wenn die

Gleichspannung in die Größe der Schleusenspannung kommt, darf diese bei Bestimmung der Kurvenformen nicht mehr vernachlässigt werden.

2. Eine Änderung des Brückenumrechnungsfaktors der Spannung.

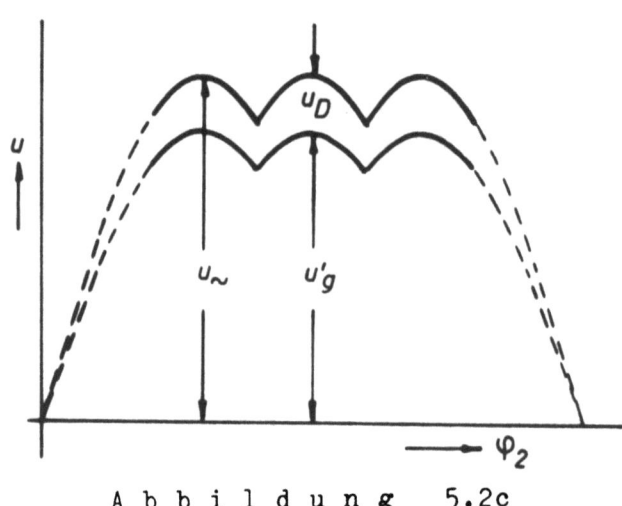

Abbildung 5.2c

Zur Bestimmung des neuen Brückenumrechnungsfaktors

Das Verhältnis von Gleich- zu Wechselspannung ergab sich dadurch, daß man die Gleichspannung durch eine arithmetische Mittelwertbildung über die pulsierende Gleichspannung u_g erhielt. Bisher galt $u_g = u_\sim$ (Abb. 5.2c). Jetzt unterscheidet sich die pulsierende Gleichspannung u'_g von der Wechselspannung $u_\sim$ wegen der Schleusenspannung und dem Spannungsabfall am Durchlaßwiderstand:

$$u'_g = u_\sim - u_D$$

u_D ist der gesamte Spannungsabfall in den beiden jeweils hintereinander geschalteten Ventilen. Damit wird

$$U_g = \frac{6}{\pi}\int_0^{30°}(\hat{u}_\sim - u_D)\cdot \cos\varphi\, d\varphi = \frac{3}{\pi}\left(\sqrt{6}\cdot U_{\sim ph} - u_D\right)$$

$$\frac{U_g}{U_{ph}} = \frac{3\sqrt{6}}{\pi}\left(1 - \frac{1}{\sqrt{6}}\cdot\frac{u_D}{U_{ph}}\right) = \frac{1}{b'_u}$$

Mit $u_D = 2\cdot U_s + 2\cdot I_g \cdot R_D$ wird daraus

$$\boxed{b'_u = \frac{b_u}{1 - \frac{2}{\sqrt{6}}\cdot\frac{U_s}{U_{ph}} - \frac{2}{\sqrt{6}}\cdot\frac{R_D}{U_{ph}}\cdot I_g}}$$

Man erhält einen neuen Brückenumrechnungsfaktor, der von der Schleusenspannung und der Belastung abhängt, wie es Abbildung 5.2d veranschaulicht. Man sieht sofort, daß nur im Leerlauf $b'_u = b_u$ gilt, da dann $U_S = 0$ ist.

Bei Belastung nimmt b_u' je nach dem Verhältnis $\frac{U_s}{U_{ph}}$ einen größeren Wert an und steigt noch infolge des Anteiles $\frac{2 \cdot R_D}{\sqrt{6} \cdot U_{ph}} \cdot I_g$, der durch den Durchlaßwiderstand bedingt ist. Letzterer ist so klein, daß er fast durchweg vernachlässigt werden kann. Nur für sehr kleine Läuferspannungen. d.h. hohe Drehzahlen fällt er ins Gewicht.

Der Umrechnungsfaktor des Stromes b_i ändert sich nicht, da bei geöffnetem Ventil der gleiche Strom auf Dreh- und Gleichstromseite fließen muß, unabhängig vom Spannungsabfall im Ventil.

Der Umrechnungsfaktor des Widerstandes b_r wird sich also mit b_u' zu $b_r' = \frac{b_u'}{b_i}$ ändern, also der umgerechnete Widerstand zunehmen.

Die Abhängigkeit der Umrechnungsfaktoren von der Last hat natürlich einen Einfluß auf die Kennlinien, die infolgedessen von den theoretischen Kennlinien abweichen, die mit konstantem b_u und b_r gerechnet wurden. Im einzelnen wurde dieser Einfluß bei der Besprechung des Kennlinienverlaufs behandelt (Abschn. 2.4 und 3.4).

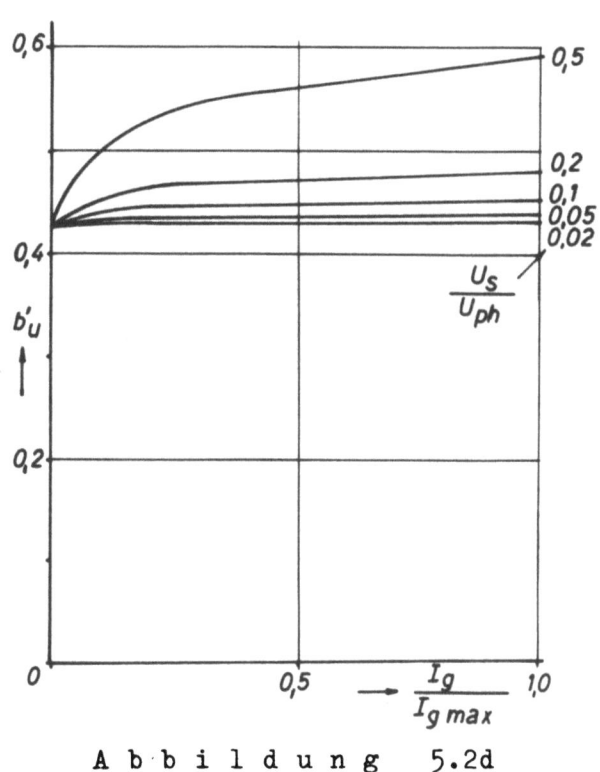

A b b i l d u n g 5.2d

Theoretischer neuer Brückenumrechnungsfaktor

Die Spannungsübersetzung wurde bei dem verwendeten Trockengleichrichter im Betrieb gemessen und für die 1W in Abhängigkeit vom Laststrom in Abbildung 5.2e dargestellt. Als Parameter wurde wie bei der Darstellung des Brückenumrechnungsfaktors b_u' das Verhältnis der Schleusenspannung des Gleichrichters zur Phasenspannung des Läufers gewählt. Der Vergleich zwischen gerechneten und gemessenen Kennlinien bestätigt obiges Ergebnis. Die größere Steigung der experimentellen Kurven ist auf den zusätzlichen Leitungswiderstand zurückzuführen, dessen Einfluß bei der Rechnung nicht berücksichtigt wurde.

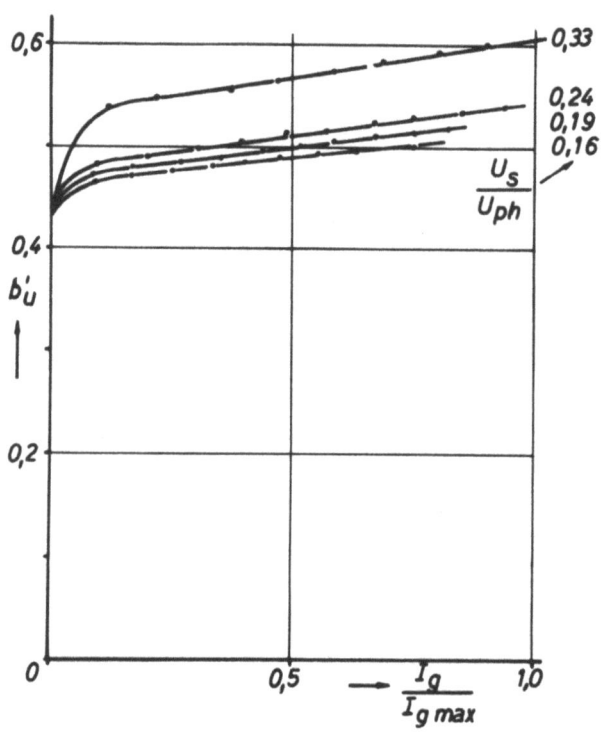

Abbildung 5.2e
Gemessene Spannungsübersetzung

5.3 Verluste

Die Verluste des Gleichrichters setzen sich aus den Verlusten in Durchlaß- und Sperrichtung zusammen

$$N_V = N_{VD} + N_{VSp} .$$

Für jedes einzelne Ventil gilt jeweils in Durchlaßrichtung

$$N_{VD} = \frac{1}{T} \int_0^T u_D \cdot i_D \, dt$$

und in Sperrichtung

$$N_{VSp} = \frac{1}{T} \int_0^T u_{Sp} \, i_{Sp} \, dt .$$

Darin sind u_D die Ventilspannung in Durchlaß-, u_{Sp} in Sperrichtung, i_D der Durchlaß- und i_{Sp} der Sperrstrom. T ist jeweils die Zeit, während der das Ventil geöffnet oder gesperrt ist. Vergleicht man den zeitlichen Verlauf von Strom und Spannung anhand der **Abbildungen 4.1c bis e**, so ergibt sich eine Öffnungszeit pro Ventil von 1/3 Periode, eine Sperrzeit von 2/3 Periode.

Ist das Ventil V_{wa} geöffnet, so fließt der Strom $i_{wa} = i_w = I_g$. Er ist wegen der großen Induktivität der GHM als konstant zu betrachten. An dem Ventil liegt die Durchlaßspannung u_D, die man ebenfalls angenähert als konstant annehmen kann. Es gilt also für die Verlustleistung in Durchlaßrichtung

$$N_{VD} = \frac{1}{120°} \int_0^{120°} u_D \cdot i_w \, d\varphi \tag{5.3a}$$

Mit $i_D = I_g$ und $u_D = U_s + I_g \cdot R_D$ wird

$$N_{VD} = \frac{1}{120°} \int_0^{120°} \left(U_s \cdot I_g + R_D \cdot I_g^2 \right) d\varphi$$

$$N_{VD} = U_s \cdot I_g + R_D \cdot I_g^2 \; .$$

Da auf Grund der Eigenart der Drehstrombrücke stets gleichzeitig zwei Ventile geöffnet und vier gesperrt sind, ergibt sich die gesamte Durchlaßverlustleistung zu

$$\boxed{N_{VDges} = 2 \left(U_s \cdot I_g + R_D \cdot I_g^2 \right)} \tag{5.3b}$$

Ist das Ventil V_{wa} gesperrt, so liegt an ihm die Spannung e_{uw} in Sperrichtung sowohl während der Öffnungszeit der Ventile $V_{ua} - V_{vb}$ als auch während der Öffnungszeit der Ventile $V_{ua} - V_{wb}$. Sind die Ventile $V_{va} - V_{wb}$ und anschließend $V_{va} - V_{ub}$ geöffnet, dann liegt die Spannung e_{vw} in Sperrichtung am Ventil V_{wa}. Vergleiche dazu Abbildungen 4.1c und 5.61c, in der Strom- und Spannungsverläufe des Gleichrichters dargestellt sind. Der zugehörige Sperrstrom i_{sp} ergibt sich hieraus durch graphische Auswertung der Gleichrichterkennlinie.

Wegen der Symmetrie im Sperrbereich gilt für die Verlustleistung

$$N_{VSp} = \frac{1}{120°} \int_0^{120°} e_{2v} \cdot i_{Sp} \, d\varphi \qquad (v = verkettet)$$

woraus die gesamte Sperrverlustleistung der Drehstrombrücke zu

$$N_{VSpGes} = \frac{4}{120°} \int_0^{120°} e_{2v} \cdot i_{Sp} \, d\varphi \tag{5.3c}$$

folgt. Ersetzt man näherungsweise die Kennlinien des Sperrbereichs auch durch eine Gerade, dann ergibt sich mit

$$i_{Sp} = \frac{e_{2v}}{R_{Sp}} \longrightarrow N_{VSp\,Ges.} \approx \frac{4}{120} \int_0^{120°} \frac{\hat{e}_{2v}^2 \cdot \sin^2\varphi}{R_{Sp}} d\varphi$$

$$\approx \frac{4 \cdot \hat{e}_{2v}^2}{\frac{2\pi}{3} \cdot R_{Sp}} \left(\frac{\sqrt{3}}{8} + \frac{\pi}{3} \right)$$

$$\approx 14{,}4 \frac{U_{ph}^2}{R_{Sp}} \quad .$$

Da die Läuferspannung U_{ph} nach $U_{ph} = s \cdot U_{ph\,o}$ schlupfabhängig ist, folgt damit die Sperrverlustleistung angenähert zu

$$\boxed{N_{VSp} \approx 14{,}4 \frac{U_{pho}^2}{R_{Sp}} \cdot s^2} \qquad (5.3d)$$

Die Verlustleistung der Drehstrombrücke wird also insgesamt

$$\boxed{N_{V\,Ges.} = 2 \cdot U_s \cdot I_g + 2 \cdot R_D \cdot I_g + 14{,}4 \frac{U_{pho}^2}{R_{Sp}} \cdot s^2} \qquad (5.3e)$$

Die Durchlaßverluste sind stromabhängig, die Sperrverluste, die ja mit der Höhe der Sperrspannung zunehmen, schlupfabhängig. Im Betrieb des Satzes nehmen die Sperrverluste bei gleicher Last mit steigendem Schlupf zu.

5.4 Blindleistung

In der bisherigen Betrachtung wurde für alle Ersatzbilder und Ableitungen vorausgesetzt, daß Spannung und Strom auf der Drehstromseite des Gleichrichters in Phase wären. Infolgedessen konnte die GHM wie ein variabler ohmscher Widerstand aufgefaßt werden. Berücksichtigt man den Einfluß der Kommutierung, so muß die dadurch entstehende Phasenverschiebung zwischen Gleichrichterspannung und -strom beachtet werden.

Aus der Beziehung $2L_G \cdot \frac{di_k}{dt} + 2 \cdot R_2 \cdot i_k = e_{vu}$ (vgl. Gl. (4.1b)) läßt sich der Kurzschlußstrom i_k ermitteln, der in dem Kreis $e_v - V_{va} - V_{ua} - e_u$ fließt. Vernachlässigt man den Spannungsabfall $2 \cdot R_2 \cdot i_k$, so gilt [7]

$$i_K = \frac{\hat{e}_{vu}}{2X_G \cdot s} \cdot \cos\varphi_2 + C \quad .$$

Aus der Randbedingung $\quad \varphi = 0 \; : \; i_K = I_g$

folgt der abklingende Strom $\quad i_u = i_K = I_g - \frac{\hat{e}_{vu}}{2X_G \cdot s} (1 - \cos\varphi_2) \quad .$

Mit $i_u = 0$ ist die Kommutierung beendet. Daraus folgt für die Kommutierungsdauer

$$\cos \ddot{u} = 1 - \frac{I_g \cdot 2X_\sigma \cdot s}{\hat{e}_{vu}} = 1 - \frac{I_g \cdot 2X_\sigma}{\sqrt{6} \cdot U'_1} \quad .$$

Für die 2W wird dann mit $\quad I_g = \frac{U'_1}{b_i \cdot R_s} \left(s - \frac{E_0}{U'_1} \right)$

$$\cos \ddot{u} = 1 - \sqrt{\frac{2}{3}} \cdot \frac{X_\sigma}{b_i \cdot R_s} \left(s - \frac{E_0}{U'_1} \right)$$

$$1 - \frac{\ddot{u}^2}{2} \approx 1 - \sqrt{\frac{2}{3}} \cdot \frac{X_\sigma}{b_i \cdot R_s} \left(s - \frac{E_0}{U'_1} \right)$$

$$\ddot{u} \approx \sqrt[4]{\frac{8}{3}} \cdot \sqrt{\frac{X_\sigma}{b_i \cdot R_s} \left(s - \frac{E_0}{U'_1} \right)}$$

Für die 1W wird mit $\quad I_g = \frac{U'_1}{b_i \cdot R_s} \left[s\left(1 + \frac{E_0}{U'_1}\right) - \frac{E_0}{U'_1} \right]$

$$\cos \ddot{u} = 1 - \sqrt{\frac{2}{3}} \cdot \frac{X_\sigma}{b_i \cdot R_s} \left[s\left(1 + \frac{E_0}{U'_1}\right) - \frac{E_0}{U'_1} \right]$$

$$\ddot{u} \approx \sqrt[4]{\frac{8}{3}} \cdot \sqrt{\frac{X_\sigma}{b_i \cdot R_s} \left[s\left(1 + \frac{E_0}{U'_1}\right) - \frac{E_0}{U'_1} \right]} \quad .$$

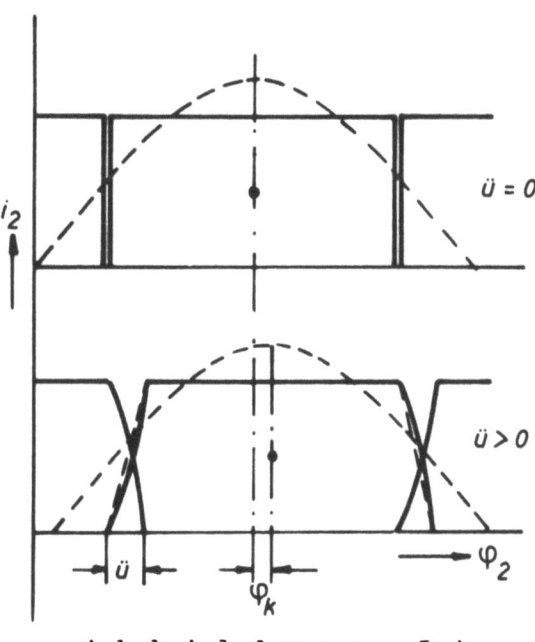

Abbildung 5.4a

Zur Ermittlung der Phasenverschiebung

Aus der Kommutierungszeit folgt die Phasenverschiebung sehr leicht, wenn man zur Vereinfachung linearen Anstieg und Abfall des Läuferstromes annimmt (Abb. 5.4a). Dann verschiebt sich der Schwerpunkt der Stromfläche und damit die Grundwelle des Stromes um $\varphi_K = \frac{u}{2}$. Man erhält eine zusätzliche Phasenverschiebung von

$$\varphi_K \approx \frac{1}{\sqrt[4]{6}} \cdot \sqrt{\frac{X_\sigma}{b_i \cdot R_s}\left(s - \frac{E_o}{U_1'}\right)}$$

bzw.

$$\varphi_K \approx \frac{1}{\sqrt[4]{6}} \cdot \sqrt{\frac{X_G}{b_i \cdot R_s}\left[s\left(1 + \frac{E_o}{U_1'}\right) - \frac{E_o}{U_1'}\right]}$$

(5.4)

Bei Ableitung dieser Gleichung wird die verkettete Läuferspannung als belastungsunabhängig angenommen. Eine Nachprüfung ergibt, daß dies ohne weiteres zulässig ist, da sich bei Vollast nur eine Abweichung von maximal 5% ergibt.

In Abbildung 5.4b ist φ_K für die 1W und 2W als Funktion des Schlupfes dargestellt. Im Nennbereich ist die zusätzliche Phasenverschiebung also nicht so erheblich, daß man die Ersatzvorstellung der Gleichrichter-GHM-Kombination als veränderlichen ohmschen Widerstand fallen lassen müßte. Die Blindleistung des Steuersatzes wird infolge dieser Kommutierungsblindleistung mit zunehmender Belastung größer sein als die der K-Maschine.

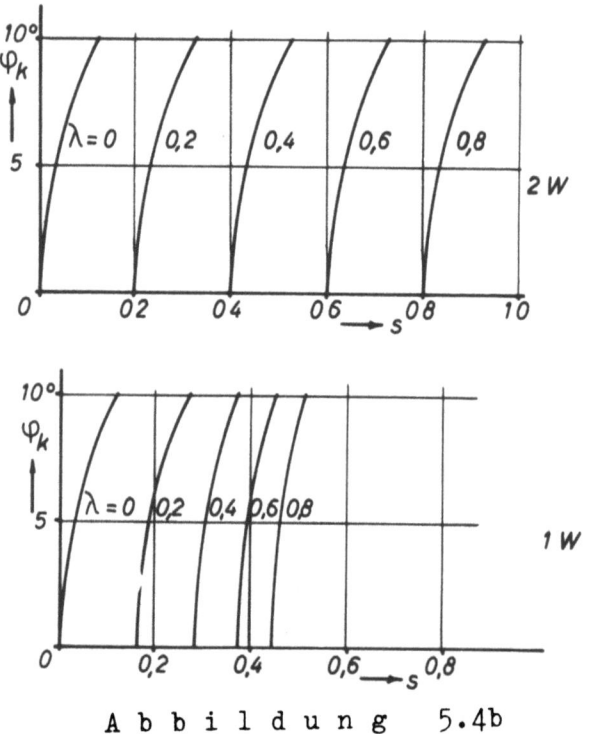

A b b i l d u n g   5.4b

Phasenverschiebung in Abhängigkeit vom Schlupf

Für die obige Betrachtung wurde eine Belastung vorausgesetzt, die den Kommutierungswinkel nicht größer werden läßt als ü = 30°. Wird die Belastung und damit der Kommutierungswinkel größer, so ändern sich die Verhältnisse grundlegend. Denn dann sind nicht mehr - wie bisher - dauernd 2 Ventile und nur während der Kommutierung 3, sondern dauernd 3 Ventile im Betrieb. Da dieser Fall im Nennbetrieb nicht auftritt, wurde darauf verzichtet, noch näher darauf einzugehen. (Näheres hierzu vgl. [7]).

5.5 Belastbarkeit, Sicherung und Dimensionierung

<u>Spannung</u>: Die Sicherungseinrichtungen für den Gleichrichter können sehr einfach gehalten werden. Da weder im statischen noch im dynamischen Betrieb des Satzes Sperrspannungen auftreten, die größer sind als die maximalen Wechsel- bzw. Gleichspannungen, sind keine besonderen Überspannungssicherungen erforderlich. (Vgl. hierzu die Oszillogramme der dynamischen Vorgänge, Abb.4.3a bis g). Die maximale Wechselsperrspannung je Ventil ist der Scheitelwert der verketteten Läuferspannung bei Stillstand $u_{Sp\ max} = \sqrt{2} \cdot E_{20\ v}$. Die maximale Gleichspannung je Ventil ist die halbe Spannung der GHM bei ihrer größten Erregung und Drehzahl. Sie kann auftreten, wenn die Spannung des Drehstromnetzes plötzlich verschwindet. Da bei der 2W die GHM mit konstanter Drehzahl angetrieben wird, bei der 1W die maximale Drehzahl der GHM durch den Synchronismus der VM bedingt ist und in beiden Fällen der maximale Erregerstrom durch die Netzspannung festliegt, können auch auf der Gleichstromseite keine größeren Spannungen auftreten, als die, die zur Steuerung erforderlich sind.

Diese Überlegungen gelten nur für den Fall, daß der Satz bis zum Stillstand bei der 2W bzw. bis zur halben synchronen Drehzahl bei der 1W gesteuert werden soll. <u>Ist der Steuerbereich kleiner, so sind Sicherungen erforderlich!</u> Will man z.B. nur bis zum Schlupf s steuern, so genügt ein Gleichrichter für eine Sperrspannung je Ventil von $u_{Sp} = \sqrt{2} \cdot E_{20\ v} \cdot s$. Höhere Spannungen würden den Gleichrichter zerstören. Es muß also ein Schalter eingebaut werden, der den Gleichrichter abschaltet, wenn die Läuferspannung den Wert $E_{20\ v} \cdot s \cdot \sqrt{2}$ überschreitet.

<u>Strom</u>: Gegen kurzzeitige Stromstöße ist der Selen-Gleichrichter unempfindlich. Es genügt also, ihn gegen Dauerüberstrom durch einen thermischen Überstromschalter zu schützen. Germanium- oder Silizium-Gleichrichter müßten wegen ihrer großen Empfindlichkeit auf jeden Fall durch

flinke Sicherungen je Ventil geschützt werden. Der Überstromschalter wird zweckmäßigerweise in den Gleichstromkreis eingebaut. (Vgl. den Schaltplan der gesamten Anordnung Abb. 1.a und b).

Ursachen für Überströme können sein:

1. Plötzlicher Stillstand der VM aus mechanischen oder elektrischen Gründen
2. Fortfall der Gegenspannung der GHM, hervorgerufen dadurch, daß die GHM stehen bleibt oder die Erregung verschwindet
3. Zufälliges Umpolen der GHM
4. Zu schnelles Bremsen, wenn die GHM als Bremse verwendet wird.

In all diesen Fällen genügt vollauf der Überstromschalter!

Dimensionierung: Die Dimensionierung von Gleichrichter und GHM hängt von der Größe des gewählten Steuerbereiches ab. Steuerung bis zum Schlupf s bedeutet:

Die Ventilsperrspannung des Gleichrichters muß

$$U_{Sp} = \sqrt{2} \cdot E_{20V} \, s$$

betragen. Bei der 2W muß die Spannung der GHM

$$E_g = \frac{U_{pho}}{b_u} = s \cdot 1{,}35 \cdot E_{20V}$$

betragen. Ihre Drehzahl wird von der Antriebsmaschine (IHM) vorgeschrieben. Für die 1W muß E_g denselben Wert haben bei der Drehzahl $n = n_1 \cdot (1-s)$. Die Maschine muß also für die Spannung

$$E_g = \frac{s}{1-s} \cdot 1{,}35 \cdot E_{20V}$$

ausgelegt sein.

Der maximale Strom für jedes Gleichrichterventil und die GHM ist durch das maximal verlangte Drehmoment und den damit bestimmten maximalen Läuferstrom bedingt. Also muß die GHM für

$$I_{g\,max} = \frac{I_{2\,max}}{b_i} = 1{,}225 \, I_{2\,max}$$

ausgelegt sein. Das einzelne Ventil des Gleichrichters, dessen Stromflußzeit nur 1/3 Periode beträgt, muß für den Effektivwert des Stromes $I_{eff} = \frac{I_g}{\sqrt{3}}$ bemessen sein (vgl. Abschn. 5.61).

5.6 Wahl des Gleichrichtertyps

Als Trockengleichrichter für den Steuersatz kommen drei Typen in Betracht: Der Selen-, der Germanium- und der Siliziumgleichrichter. Im folgenden sollen Vor- und Nachteile dieser Typen abgewägt werden. Zu diesem Zweck dienen

1. die Kennlinien, daraus resultierend Sperrspannung und -strom, Durchlaßspannung und -strom sowie die Verluste,
2. die besonderen Eigenschaften der Typen, woraus sich Folgerungen für ihre Verwendbarkeit im Steuersatz ableiten lassen.

5.61 Vergleich der Kennlinien

Die Kennlinie eines Brückenzweiges des verwendeten Gleichrichters gibt Abbildung 5.61a wieder. Dabei sind zur Erzielung der erforderlichen Sperrspannung von 283 V Scheitelwert neun Ventilelemente hintereinandergeschaltet. Bei einer wirksamen Plattenfläche von 730 cm^2 und einem Nennstrom von 90 A beträgt die Stromdichte G = 0,123 A/cm^2. Da die Stromflußzeit für ein Ventil nur 1/3 Periode beträgt (vgl. Abb. 4.1c), ist der Effektivwert des Ventilstromes

$$I_{eff} = \sqrt{\frac{1}{2\pi}\int_0^{120°} I_g \, d\varphi} = \frac{1}{\sqrt{3}} \cdot I_g \ .$$

Er ist - abgesehen vom Sperrstrom - für die Erwärmung maßgebend. Bei einem maximalen Strom von I_g = 100 A ergibt sich somit die effektive Stromdichte G_{eff} = 79 mA/cm^2. Ohne Lüftung dürfte G_{eff} den Wert von 30 bis 40 $\frac{mA}{cm^2}$ nicht überschreiten, da sonst die zulässige Temperatur von 75° C erreicht würde. Mit Lüftung sind wegen der größeren Wärmeabfuhr zwei- bis dreifache Stromstärken möglich, wie bei dem verwendeten Selengleichrichter. Mithin entspricht die Kennlinie der eines Gleichrichters, der ohne Lüftung einen Strom von $I_g \approx$ 50 A vertrüge.

Die Kennlinien sind für die drei Typen gemeinsam in Abbildung 5.61a für die übliche Betriebstemperatur dargestellt. Die Germanium (Ge)- und Silizium (Si)-Kennlinien gelten jeweils für ein Ventilelement, da für sie Ventilelement und Ventil wegen der höheren zulässigen Sperrspannung identisch sind. Die Selen (Se)-Kennlinie dagegen gilt für ein Ventil, das aus neun hintereinandergeschalteten Ventilelementen besteht. Es ist nur sinnvoll, diese Kennlinien zu vergleichen, da nur dann gleiche Sperrspannungen und Durchlaßströme vorliegen.

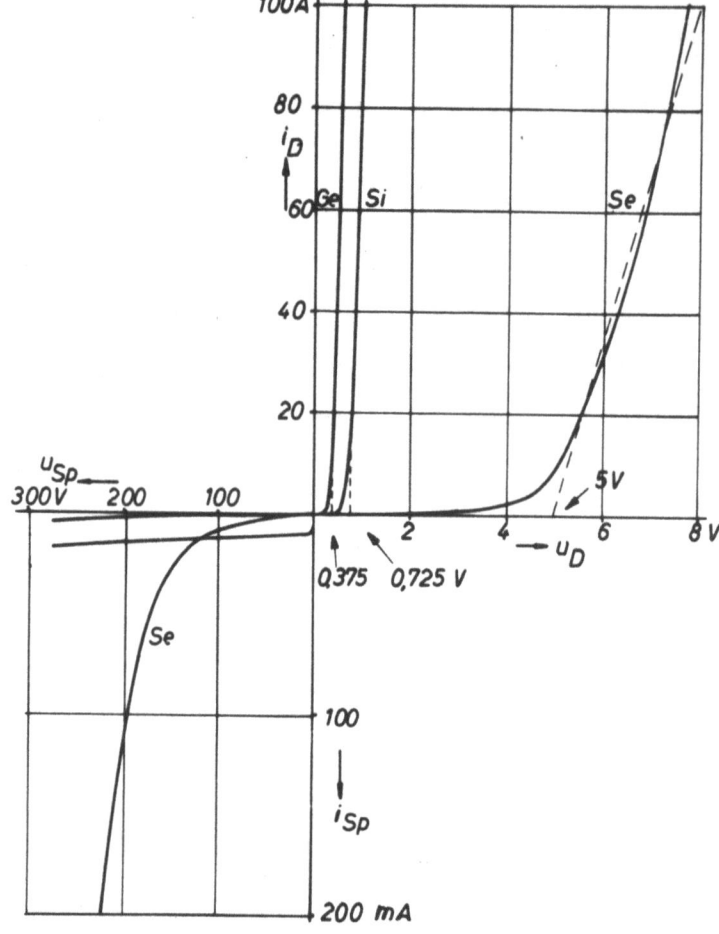

Abbildung 5.61a

Kennlinien des Selen-, Germanium- und Silizium-Gleichrichters

Zum Vergleich werden die Kennlinien jeweils nur eines Elements für 20°C in Abbildung 5.61b eingetragen.

(Die Se-Kennlinie wurde experimentell ermittelt, während Ge- und Si-Kennlinien aus AEG Mitteilungen 46/S. 212 und 48/S. 64 - [11/14] - entnommen wurden.)

Nähert man in Abbildung 5.61a die Durchlaßkennlinie jeweils durch eine Gerade an, so ergeben sich Durchlaßwiderstand R_D und Schleusenspannung U_S zu:

	R_D in Ω	U_S in V
Selen	0,029	5,0
Germanium	0,002	0,375
Silizium	0,00275	0,725

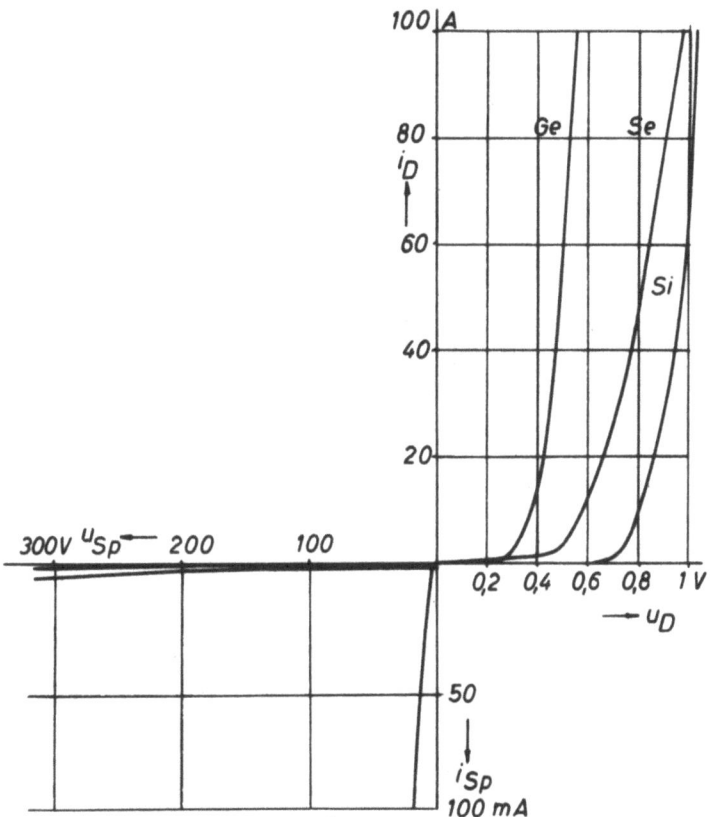

Abbildung 5.61b
Kennlinien der Gleichrichter für ein Ventilelement

Für die Sperrichtung ist eine Geradennäherung nur für den Si-GL möglich. Der Sperrstrom des Ge-GL müßte aus einem konstanten und einem nach einer Näherungsgeraden ansteigenden Teil zusammengesetzt werden. Die Sperrkennlinie des Se-GL ließe sich wie die Durchlaßkennlinie durch eine Gerade von einem Wert U_o beginnend annähern.

Aus dem Vergleich der Kennlinien folgt dreierlei:

1. Der Se-GL hat einen wesentlich größeren Durchlaßwiderstand und eine wesentlich größere Schleusenspannung als die beiden anderen Typen, hervorgerufen durch die Reihenschaltung von mehreren Elementen zur Erzielung der benötigten Sperrspannung. (Eine Verkleinerung von U_S und R_D wäre durch eine Verminderung der Elementzahl zu erzielen, würde jedoch durch eine Herabsetzung der Sperrspannung bzw. eine Erhöhung des Sperrstromes erkauft.) Hinzu kommt noch, daß R_{D-Se} mit zunehmender Belastungsstundenzahl größer wird, während R_{D-Ge} belastungsunabhängig ist und R_{D-Si} ebenso wie U_{S-Si} mit zunehmender Stromstärke noch abnehmen.

2. Größeres U_S wirkt sich auf den n/M-Kennlinienverlauf des Steuersatzes so aus, daß sich die Kennlinien für gleiche Fremdspannung E_o parallel nach unten verschieben. Das bedeutet für die Drehzahlsteuerung: Es lassen sich keine Drehzahlen in Synchronismusnähe einstellen! Je kleiner U_S, desto näher kommt man der synchronen Drehzahl der VM. Hierfür sind Ge- und Si-GL viel besser geeignet.

Größeres R_D bedeutet, daß die n/M-Kennlinien stärker abfallen. Dies ist ein Nachteil, wenn starres Drehzahlverhalten gewünscht wird, ein Vorteil jedoch für weiches Verhalten. Zur Drehzahlkonstanthaltung sind also Ge- und Si-GL ebenfalls vorzuziehen.

3. Der Se-GL hat einen wesentlich größeren Sperrstrom für große Sperrspannung, der schlagartig ansteigt, während der Sperrstrom der Ge- bzw. Si-GL seinen kleinen Wert beibehält. Allerdings sinkt der Sperrstrom des Ge-GL auch für kleine Spannungen nicht ab. Zur Charakterisierung der Sperrverhältnisse wurde für die Sperrzeit eines Ventils für verschiedene Schlupfwerte s = 1; 0,5 und 0,2 Spannung und Strom aufgezeichnet (Abb. 5.61c). Man sieht deutlich den großen Unterschied zwischen Ge-Si und Se bei Stillstand (Unterschiedlicher Maßstab!!). Bei mittleren und hohen Drehzahlen nimmt dagegen der Se-Sperrstrom stark ab, während sich der Ge-Si-Sperrstrom nur geringfügig ändert.

5.62 Vergleich der Verluste

Aus dem Kennlinienverlauf ergibt sich sofort eine Aussage über die Verluste:

<u>Durchlaßverluste:</u> Nach Gleichung (5.3b) wird für den

$$Se-GL \quad \frac{N_{VD}}{W} = 10 \cdot \frac{I_g}{A} + 0{,}058 \left(\frac{I_g}{A}\right)^2$$

$$Ge-GL \quad \frac{N_{VD}}{W} = 0{,}75 \frac{I_g}{A} + 0{,}004 \left(\frac{I_g}{A}\right)^2$$

$$Si-GL \quad \frac{N_{VD}}{W} = 1{,}45 \frac{I_g}{A} + 0{,}0055 \left(\frac{I_g}{A}\right)^2$$

Die Verluste sind zum Vergleich in Abbildung 5.62a einander gegenübergestellt.

<u>Sperrverluste:</u> Nach Gleichung (5.3c) sind die Sperrverluste von 4 Ventilen

$$N_{VSp} = \frac{4}{120} \int_0^{120°} e_{2v} \cdot i_{Sp} \, d\varphi \quad .$$

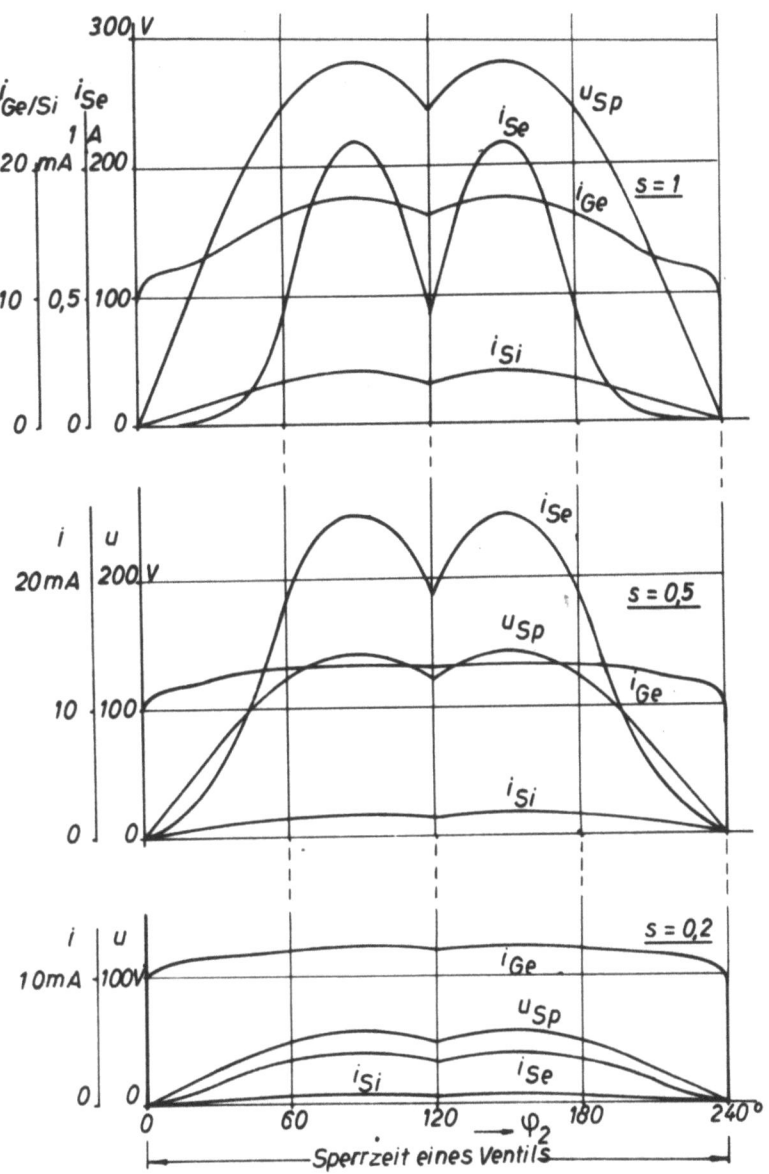

Abbildung 5.61c

Verlauf von Spannung und Strom während
der Sperrzeit eines Ventils

Für alle drei Gleichrichter gilt $e_{2V} = \sqrt{2} \cdot E_{2V0} \cdot s \cdot \sin\varphi_2$.

Um die Sperrverluste in Abhängigkeit vom Schlupf darstellen zu können, wird das Integral nach Abbildung 5.61c graphisch ausgewertet. Damit möglichst große Genauigkeit erzielt wird, wurde auf eine Näherung durch Geraden verzichtet. In Abbildung 30b sind die Sperrverluste in Abhängigkeit vom Schlupf aufgetragen.

Ergebnis: Vergleicht man Sperr- und Durchlaßverluste, so zeigt sich zunächst, daß die Sperrverluste des Se-GL von einem bestimmten Schlupf an

- entsprechend einem bestimmten Spannungswert - schlagartig ansteigen, während die Verluste von Ge- und Si-GL ungefähr proportional bis zum Stillstand zunehmen. Im Bereich kleiner Schlupfwerte (s < 0,6) ist allgemein N_{vsp} so klein, daß man es gegenüber N_{vD} vernachlässigen kann. Es genügt also, die Durchlaßverluste zu berücksichtigen. Das genügt ebenfalls für s > 0,6 beim Ge- und Si-GL, während die Se-Sperrverluste insbesondere für sehr kleine Drehzahlen bis zu einem Viertel der Durchlaßverluste anwachsen. Zum Vergleich wurden die Gesamtverluste des Se-GL für s = 0,8 und s = 0,9 eingetragen.

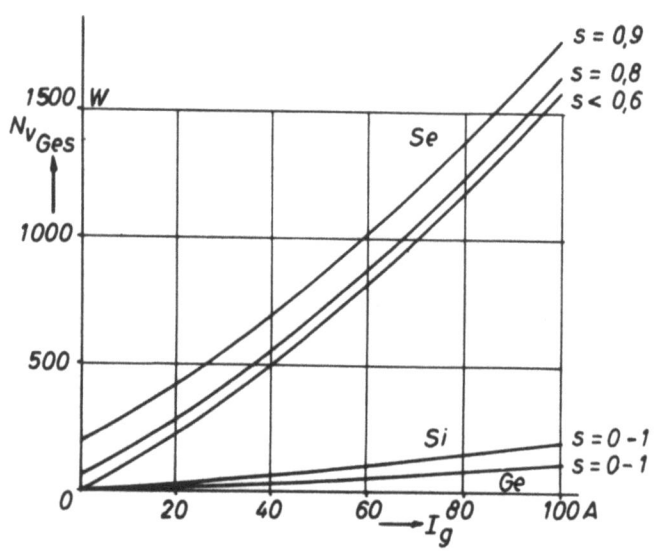

Abbildung 5.62a

Gesamtverluste der Gleichrichter

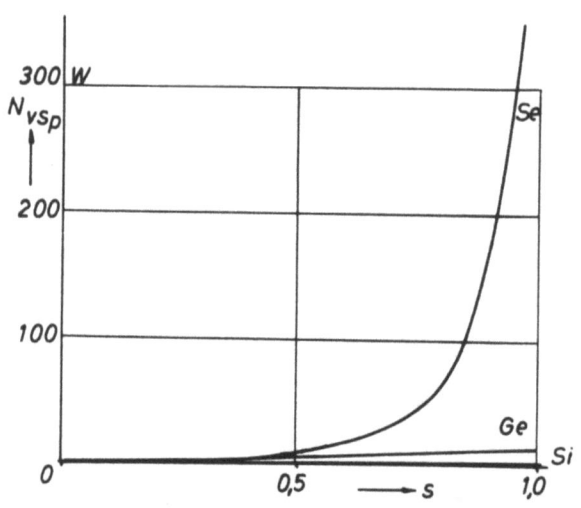

Abbildung 5.62b

Sperrverluste der Gleichrichter

5.63 Vergleich der besonderen Eigenschaften

Temperaturempfindlichkeit

Entscheidend für die Belastung von Trockengleichrichtern ist der Temperatureinfluß. Dabei ist zu unterscheiden, wie die Temperatur mit der Belastung zunimmt, welche Möglichkeiten der Wärmeabfuhr bestehen und wie temperaturempfindlich die Sperrschicht ist.

Infolge des Durchlaßwiderstandes und der Schleusenspannung entstehen im Ventil Verluste, also auch Wärme, da die Wärmeentwicklung der Verlustleistung proportional ist. Die entstehende Temperatur wird durch die Abführung der Wärme bedingt.

<u>Selen:</u> Beim Selengleichrichter ist eine schnelle Wärmeabfuhr möglich, da er, als Platte ausgebildet, eine sehr große Abstrahlungsfläche besitzt. Die Grenze für die entstehende Temperatur ist nicht durch das Selen (Schmelztemperatur 200°C), sondern durch den Schmelzpunkt der Gegenelektrode (Wismut-Cadmuim-Zinn-Legierungen) gegeben. Er beträgt 100 bis 140°C. Als maximale Betriebstemperatur, bei der sich die Eigenschaften des Gleichrichters noch nicht verändern, wird 75°C angegeben. Höhere Temperaturen ziehen eine Widerstandserhöhung und damit höhere Verlustleistung nach sich.

<u>Silizium:</u> Beim Si-GL sind infolge der größeren Schleusenspannung die Verluste im Ventil größer. Dafür beträgt aber die zulässige Sperrschichttemperatur 200°C, d.h. die Temperaturfestigkeit ist größer. Nachteilig ist, daß die gesamte Verlustwärme in der sehr dünnen Schicht des Halbleiterkristalls entsteht, also auf engstem Raume. Zu ihrer Abführung bedarf es besonderer Kühlflächen. Die Durchlaßspannung und damit die Verluste nehmen günstigerweise mit der Temperatur ab, während der Sperrstrom leicht zunimmt. Letzteres ist ohne Bedeutung, da der Sperrstrom ohnehin vernachlässigbar klein ist.

<u>Germanium:</u> Der Ge-GL zeichnet sich durch geringste Ventilverluste aus (kleinstes R_D und U_S). Dieser Vorteil wird jedoch dadurch aufgehoben, daß die zulässige Sperrschichttemperatur nur 60°C beträgt. Wird sie überschritten, so steigt der Sperrstrom stark an. Die Sperrwirkung bricht zusammen. Um dies zu verhindern, ist eine intensive Kühlung (am besten Flüssigkeitskühlung) erforderlich. Damit stellt der Sperrstrom die Grenze für die Belastung dar. Mit ihm wird auch die zulässige Sperrspannung temperaturabhängig. Der Durchlaßwiderstand ändert sich nicht mit der Temperatur.

Überlastbarkeit

Aus oben Gesagtem folgt die Überlastbarkeit der Gleichrichter: Der Se-GL ist auf Grund seiner geringen spezifischen Leistungsdichte, seiner großen Wärmekapazität und seiner schnellen Wärmeabfuhrmöglichkeit sehr unempfindlich gegen Überlastungen. Kurzzeitige Überströme stellen überhaupt keine Gefahr dar. Überspannungen sind jedoch nicht möglich, da Spannungsdurchschläge erfolgen können.

Im Gegensatz dazu sind Ge- und Si-GL sehr empfindlich gegen Überströme. Beide haben infolge ihrer geringen Abmessungen eine große spezifische Leistungsdichte und bei weitem nicht so günstige Möglichkeiten der Wärmeabfuhr wie der Se-GL. So wird schon bei kürzester Überlastung die zulässige Sperrschichttemperatur überschritten und das Ventil thermisch zerstört. Eine Erholung ist nicht möglich. Es sind also unbedingt als Schutz flinke Sicherungen mit kleinster Ansprechzeit erforderlich. Im Hinblick auf Spannungsüberlastungen sind beide wesentlich unempfindlicher als der Se-GL.

5.64 Folgerungen für die Typenwahl

Für die Verwendung im Steuersatz sind Ge- und Si-GL vorzuziehen

1. wegen der wesentlich geringeren Verluste,
2. wegen des geringeren Einflusses auf die theoretischen (günstigsten) Kennlinien, die den Gleichrichter als idealen Schalter voraussetzen,
3. wegen des geringen Raumbedarfs, der sich gerade bei großen Leistungen günstig auswirkt.

Der große Vorteil des Se-GL ist seine Unempfindlichkeit gegen Überlast! Es genügt, ihn mit einem einfachen Überstromschalter zu schützen, während - insbesondere bei Parallel - und Reihenschaltung von mehreren Ventilen - Ge- und Si-GL durch flinke Überstromsicherungen und Stabilisierungswiderstände geschützt werden müssen.

Erweist sich der zusätzliche Aufwand an Sicherungselementen nicht als zu kostspielig, so ist dieser große Vorteil hinfällig und der Se-GL auf alle Fälle durch Ge- oder Si-GL zu ersetzen.

Von Si- und Ge-GL ist der Ge-GL der empfindlichere, insbesondere, wegen seiner außerordentlichen Temperaturabhängigkeit. Er muß infolgedessen für größere Leistungen flüssigkeitsgekühlt sein. Außerdem liegt seine zulässige Sperrspannung noch niedriger als die des Si-GL.

6. Anlauf, Bremsen und Reversieren

Anlauf: Für den Anlauf gibt es verschiedene Schaltmöglichkeiten:

1. Die VM wird mit Hilfe eines dreiphasigen Anlassers im Läuferkreis angefahren. Wenn sie eine genügend hohe Drehzahl erreicht hat, so daß die Schleifringspannung für Gleichrichter und GHM nicht mehr zu groß ist, kann der Läufer auf die Drehstrombrücke geschaltet werden. Dieses Verfahren ist sowohl bei der 1W als auch bei der 2W anwendbar. Während bei der 1W die GHM mit der VM anläuft, muß sie bei der 2W von der IHM angetrieben werden. Deshalb wird die IHM entweder direkt ans Netz geschaltet oder mit einem der üblichen Anlaßverfahren in Betrieb genommen. Hierbei muß beachtet werden, daß die GHM richtig gepolt ist, da sie sich sonst über den Gleichrichter kurzschließt.

2. In den Gleichstromkreis wird ein Anlaßwiderstand gelegt. Die VM wird mit der Drehstrombrücke verbunden ans Netz gelegt. Dadurch entsteht hinter dem Gleichrichter eine Gleichspannung, mit der die GHM anläuft. Ihre Drehrichtung muß bei der 1W mit der Drehrichtung der VM, bei der 2W mit der Drehrichtung der IHM übereinstimmen. Auch hierbei wird für die 2W die IHM netzseitig in Betrieb genommen.

Bei den Versuchen erwies sich folgendes Verfahren am zweckmäßigsten.
<u>1W</u>: Anfahren über Anlaßwiderstand im Gleichstromkreis. <u>2W</u>: Anfahren der IHM, Erregen der GHM. Spannung der GHM wird so eingestellt, daß sie mit der Spannung der stillstehenden VM nach Größe und Richtung übereinstimmt. Die Maschinen werden zusammengeschaltet.

Das wesentlich einfachere und mit geringerem Aufwand verbundene Verfahren 2 hat den Nachteil, daß es nur beschränkt verwendbar ist. Denn nur dann kann die GHM eine Spannung liefern, die der Läuferspannung der stillstehenden VM entspricht, wenn sie für Drehzahlsteuerung im ganzen Bereich ausgelegt ist. Für Steuerung in kleineren Bereichen <u>muß</u> das Verfahren 1 angewendet werden.

Bremsen: Ein Bremsen der 1W erfolgt am besten mit Hilfe der GHM. Zu diesem Zweck wird die VM vom Netz getrennt und die Erregung der GHM umgepolt. Damit schließt sich die GHM über den Gleichrichter kurz, der ja in Durchlaßrichtung nur einen kleinen Widerstand darstellt. Das auftretende Bremsmoment ist dem Kurzschlußstrom I_k und dem Fluß Φ der GHM proportional. Es ist durch den maximal zulässigen Kurzschlußstrom begrenzt.

Dieser maximale Kurzschlußstrom, der durch die Überlastbarkeit der GHM und des Gleichrichters vorgeschrieben ist, entsteht bei kleinen Drehzahlen allein durch Umpolen der GHM. Denn bei kleinen Drehzahlen ist die Spannung der GHM am größten, also auch Φ und I_k und damit das Drehmoment. Für den Fall $I_k > I_{max}$ muß die Erregung noch verkleinert werden. Bei größeren Drehzahlen ist die Spannung der GHM am kleinsten, das alleinige Umpolen genügt nicht, um das Bremsmoment zu liefern, das maximal erzielt werden könnte. Für diesen Fall muß also die Erregung nach dem Umpolen noch vergrößert werden.

Der Selengleichrichter eignet sich wegen seiner großen kurzzeitigen Überlastbarkeit gut zur Bremsung. Wichtig ist hierbei, daß beim Betrieb des Gleichrichters von der Gleichstromseite aus alle drei Zweige parallel geschaltet sind. I_k kann also den dreifachen Wert des maximal zulässigen Stromes annehmen! Gegen zu große Überlast wird er durch einen Überstromschalter geschützt. Da ein solcher schon zum Schutze des Gleichrichters im Normalbetrieb vorhanden ist, wird zum Bremsen kein zusätzlicher Aufwand benötigt. Durch einen geeigneten Stellmotor zur Regelung des Vorwiderstandes der Erregerwicklung könnte man in Abhängigkeit von der Drehzahl jeweils die günstigste Erregung einstellen, so daß während des ganzen Bremsvorgangs möglichst der maximale Strom fließt. Das lohnt sich natürlich nur für Sätze, die häufig gebremst werden.

Für die untersuchte Anordnung wird der Bremsvorgang in drei Oszillogrammen dargestellt (Abb. 6.a bis c). Dabei wurde bei der niedrigsten Drehzahl (n = 765 min^{-1}) das Feld der GHM nur umgepolt, während bei den höheren Drehzahlen (n = 1100, 1385 min^{-1}) die Erregung von Hand aus nachgestellt wurde. Die Bremszeit verkürzt sich noch um etwa 0,5 sec, wenn man den Ausschalter der VM mit dem Umpolschalter der GHM kuppelt.

<u>Reversieren:</u> Eine Änderung der Drehrichtung ist ohne weiteres möglich [2]. Man vertauscht den Anschlußsinn der VM und polt gleichzeitig die Erregung der GHM um. Hat man also den Satz zuvor abgebremst, so ist die Polung der GHM schon richtig für die umgekehrte Drehrichtung. Wichtig ist, daß im Falle des Betriebes mit RW auch diese umgepolt werden muß, da sich andernfalls der Einfluß der RW umkehren würde (aus GRW wird ZRW und umgekehrt).

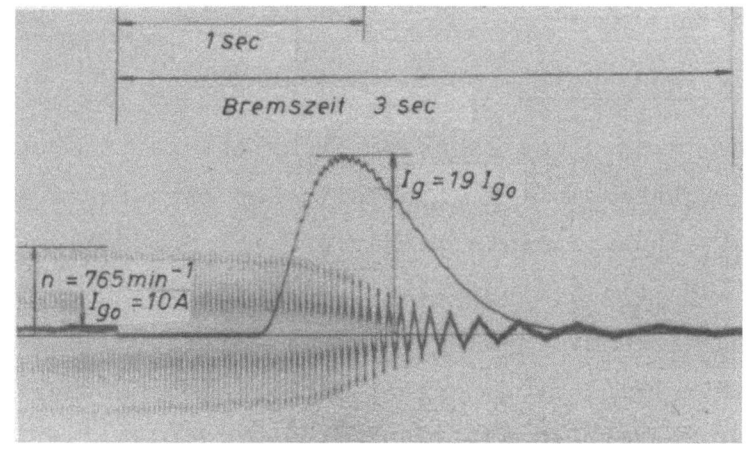

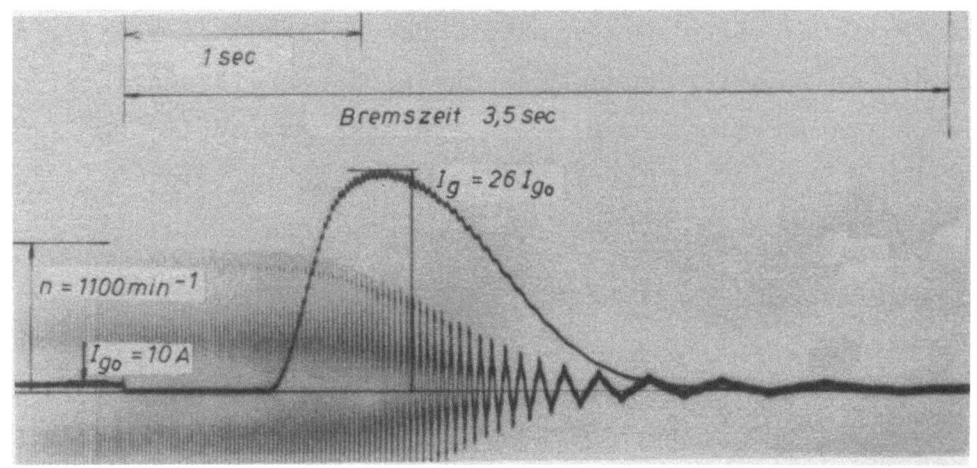

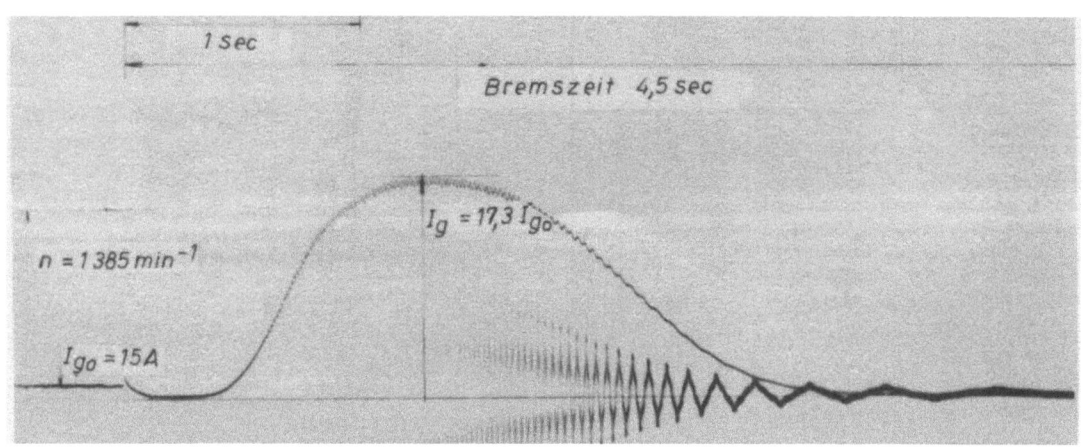

Abbildung 6.a bis c
Bremsen der 1W durch Umpolen der GHM

7. Drehstrom-Gleichstrom-Steuersatz in einphasiger Anordnung

7.1 Aufbau und Wirkungsweise

Infolge der Verwendung eines Trockengleichrichters in Brückenschaltung zeigt sich eine interessante Möglichkeit, den Steuersatz als 2W auch einphasig zu betreiben. Speiste bisher die mit der GHM gekuppelte Asynchronmaschine (IHM) die Schlupfleistung dreiphasig ins Netz, so kann man auch zwei ihrer Phasen mit dem Netz und die dritte mit der entsprechenden Phase der VM verbinden. Es ergibt sich eine Schaltung nach Art des Phasenumformers, wie sie in Abbildung 7.1a dargestellt ist.

Legt man diese Anordnung an ein einphasiges Netz, so wirkt die stillstehende VM wie ein Drehtransformator. Das entstehende Wechselfeld induziert in den drei Läuferphasen Spannungen, die gleichphasig sind und deren Größe von der Stellung des Läufers abhängt. Abbildung 7.1b stellt

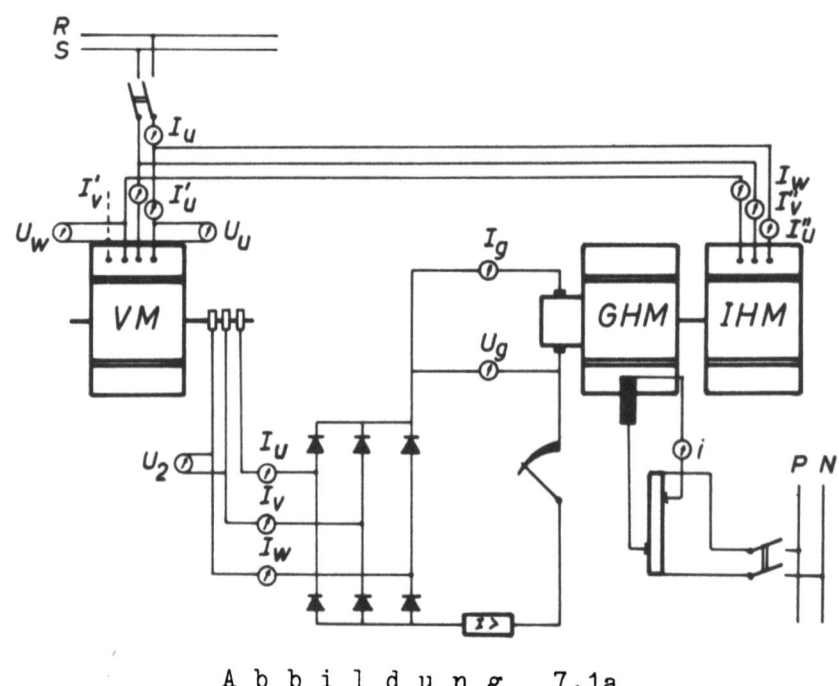

A b b i l d u n g   7.1a

Steuersatz in einphasiger Anordnung

die Wicklungsachsen von Läufer- und Ständer dar, wobei Phase U und V des Ständers mit dem Netz verbunden sind, und der Läufer um den Winkel α gedreht wird. Die Scheitelwerte der in den Läuferwicklungen u, v und w induzierten Spannungen e_u, e_v und e_w sind in Abbildung 7.1c als Funktion von α dargestellt. Daraus ergibt sich nach Abbildung 4.1a die Spannung des Punktes A gegen den Sternpunkt (u_{AO}) aus den positiven,

Seite 98

die Spannung des Punktes B gegen den Sternpunkt (u_{BO}) aus den negativen Spannungswerten. Der Scheitelwert der Gleichspannung folgt als Differenz $u_g = u_{AO} - u_{BO}$. Er ist in Abbildung 7.1d als Funktion der Läuferstellung α dargestellt. Es ergibt sich eine pulsierende Gleichspannung wie bei einer einphasigen Brückenschaltung, deren Scheitelwert jedoch von der Läuferstellung abhängt (Abb. 7.1e).

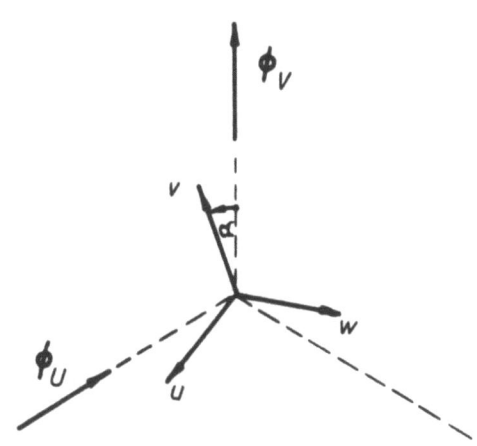

Abbildung 7.1b
Wicklungsachsen von Läufer und Ständer

Mit dieser Gleichspannung läuft die GHM an. Der entstehende Gleichstrom verteilt sich je nach Läuferstellung auf die Phasen der VM entsprechend der in Abbildung 7.1f dargestellten Abhängigkeit der Ventilöffnung. So fließt für φ_1 = 0 bis 180° und α = 0 bis 30° der Strom von der Phase v über die Ventile $V_{va} - V_{ub}$ in die Phase u, für α = 30 bis 90° von der Phase w über die Ventile $V_{wa} - V_{ub}$ in die Phase u etc. Für φ_1 = 180 bis 360° und α = 0 bis 30° fließt er von der Phase u über $V_{ua} - V_{vb}$ zur Phase v, für α = 30 bis 90° von der Phase u über $V_{ua} - V_{wb}$ zur Phase w etc.

Die GHM treibt die IHM an, die ebenfalls einphasig ans Netz gelegt wird, und deren dritte Phase mit der VM verbunden ist. Denkt man sich das Ständerwechselfeld der IHM in rechts- und linksdrehende Drehfelder zerlegt, so wird durch die Dämpferwirkung des Käfigläufers jeweils entsprechend der Antriebsrichtung das gegenläufige Feld abgedämpft. Das

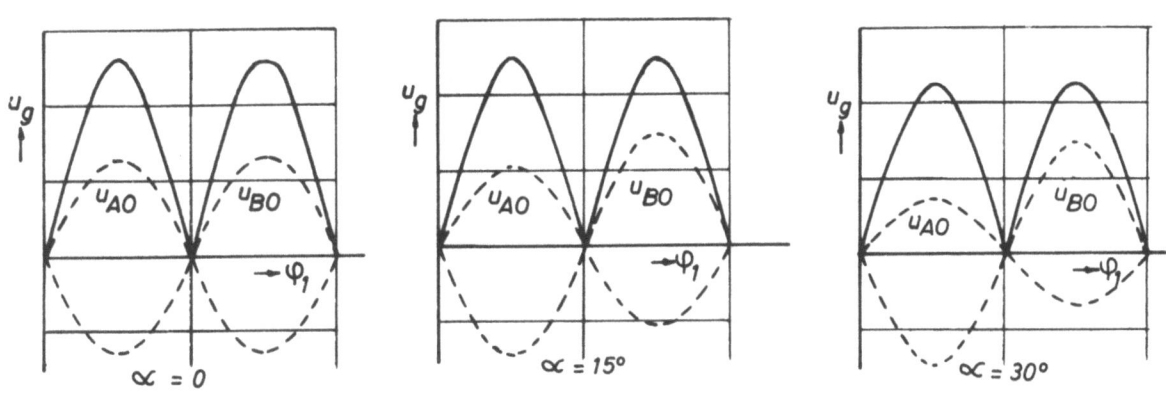

Abbildung 7.1e
Zeitlicher Verlauf der Gleichspannung, abhängig von der Läuferstellung

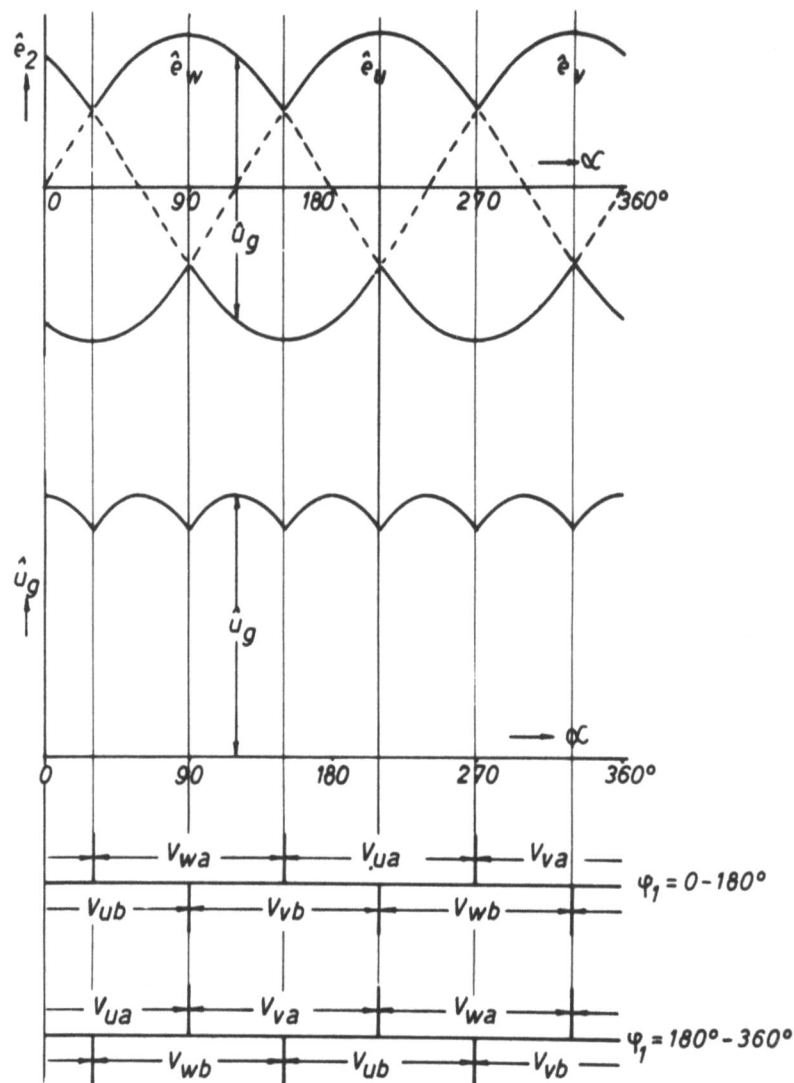

Abbildung 7.1c und d

Läuferspannungen und Gleichspannung, abhängig von der Läuferstellung

Abbildung 7.1f

Öffnungszeiten der Ventile

so entstandene elliptische Drehfeld induziert in der dritten Phase eine Spannung, die wiederum in der VM ein elliptisches Drehfeld zufolge hat. Die VM läuft an. Die in den Läufer induzierten Spannungen werden symmetrischer, womit die Brückenschaltung wieder den Charakter der dreiphasigen Brücke erhält. Der einphasige Satz arbeitet jetzt wie der dreiphasige, wobei die Dämpfungseigenschaften der IHM und der VM den Grad der Symmetrie bestimmen.

7.2 Zeitlicher Verlauf der Spannungen und Ströme

Die Oszillogramme Abbildung 7.2a stellen den Einschaltvorgang für den belasteten Satz dar. Für stationären Betrieb wurde der zeitliche Ver-

lauf in den Oszillogrammen Abbildung 7.2b bis d für die Drehzahlen
n = 0; 800 und 1290 min^{-1} aufgezeichnet. Zum Vergleich dienen die Oszillogramme der dreiphasigen Schaltung Abbildung 7.2e bis g.

Abbildung 7.2a: Man sieht, daß die Unsymmetrie der Läuferströme, die durch die zufällige Stellung des Läufers bedingt ist, verschwindet, sobald der Satz hochgelaufen ist. Während des Anlaufs der VM, der erst nach dem Anlauf der GHM beginnt, wechselt dauernd die Aufteilung der Läuferströme auf die verschiedenen Läuferphasen. So haben nach einer bestimmten Zeit die Ströme I_u und I_w volle Größe, während $I_v \approx 0$ ist. Nach kurzer Drehung wird $I_u \approx 0$, während I_v und I_w maximal sind etc.

Der Anlauf der GHM entspricht dem Anstieg der Spannung U_g und dem Abklingen des Stromes I_g. Er ist nach 1,3 sec beendet.

Von den Ständerströmen wurde jeweils der Netzstrom und der Strom der Phase W dargestellt. Es zeigt sich auch hier der erwartete Anstieg des Stromes I_W nach dem Anlauf der IHM als Phasenumformer. Der Grad der Unsymmetrie ist durch die Dämpfungseigenschaften der IHM bedingt.

Abbildung 7.2b bis d: Die Oszillogramme der stationären Vorgänge, die für Stillstand, mittlere und hohe Drehzahl aufgenommen wurden, zeigen insbesondere, daß im Einphasenbetrieb unerwünschte Netzrückwirkungen sehr gering sind. Der Ständerstrom erscheint auch bei niedrigen Drehzahlen nur wenig verzerrt. Sehr deutlich macht dies ein Vergleich von Abbildung 7.2b und 7.2e. Die Verzerrungen des Läuferstromes sind dagegen erheblich größer als beim Dreiphasenbetrieb, da zu der Gleichrichterwirkung jetzt noch die Unsymmetrie tritt.

7.3 Vergleich von Einphasen- und Dreiphasenbetrieb

Leistungsaufteilung und Wirkungsgrad: Um den Leistungsfluß bei drei- und einphasigem Betrieb miteinander vergleichen zu können, wurden sämtliche im Steuersatz auftretende Leistungen für eine bestimmte Erregung der GHM über der Last aufgetragen (Abb. 7.3a und b). In den Diagrammen stellt jeweils Kurve 1 die gesamte aufgenommene, Kurve 5 die ins Netz zurückgespeiste Leistung dar. Die Differenz 1 bis 2 ist die abgegebene mechanische Leistung, die Differenz 2 bis 3 die Verlustleistung der VM, 3 bis 4 die Verluste des Gleichrichters und 4 bis 5 die Verluste des Hintermaschinensatzes.

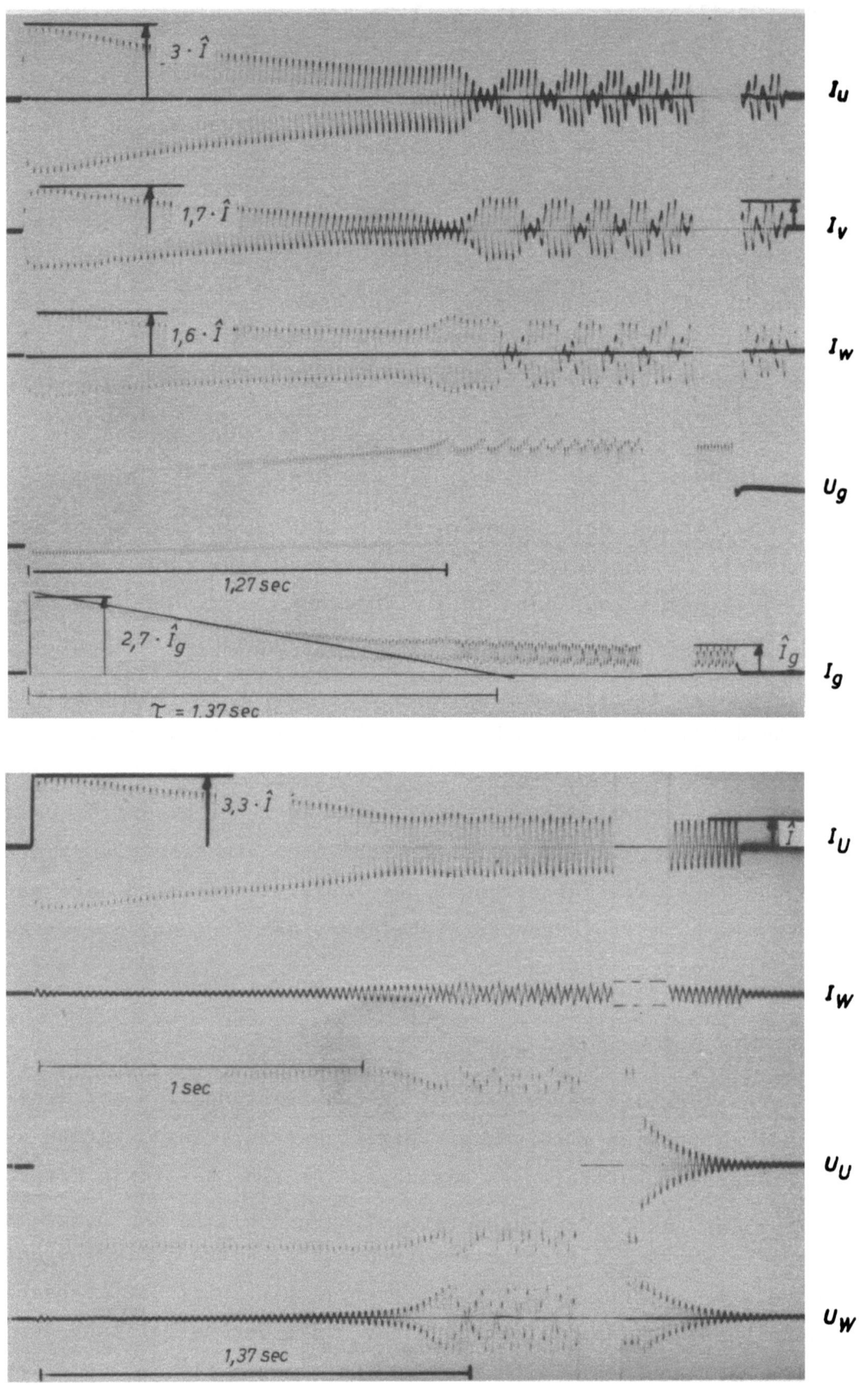

Abbildung 7.2a

Ein- und Ausschalten der einphasigen Anordnung

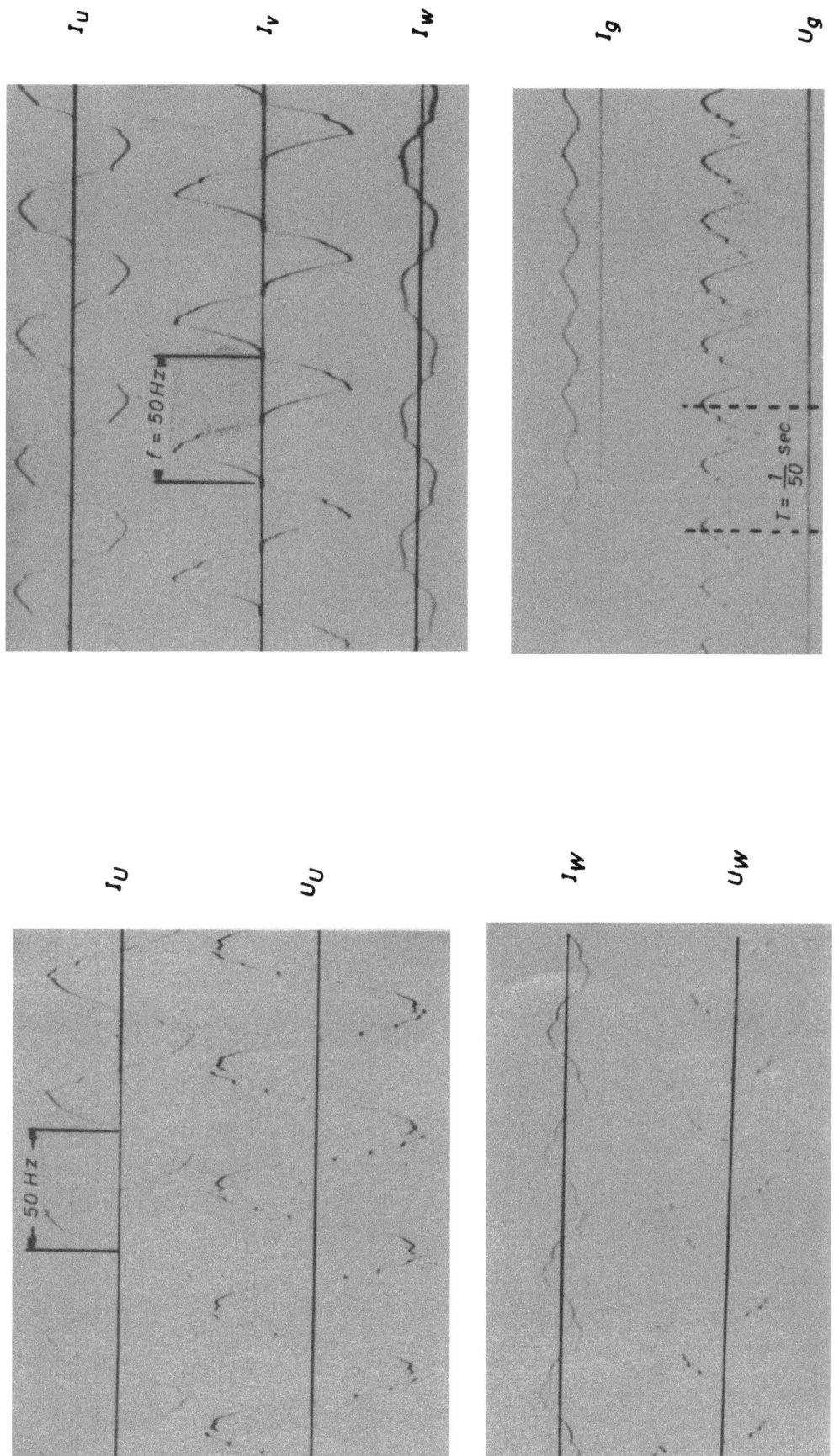

Abbildung 7.2b
Stationärer Betrieb der Einphasen-Anordnung; n = 0

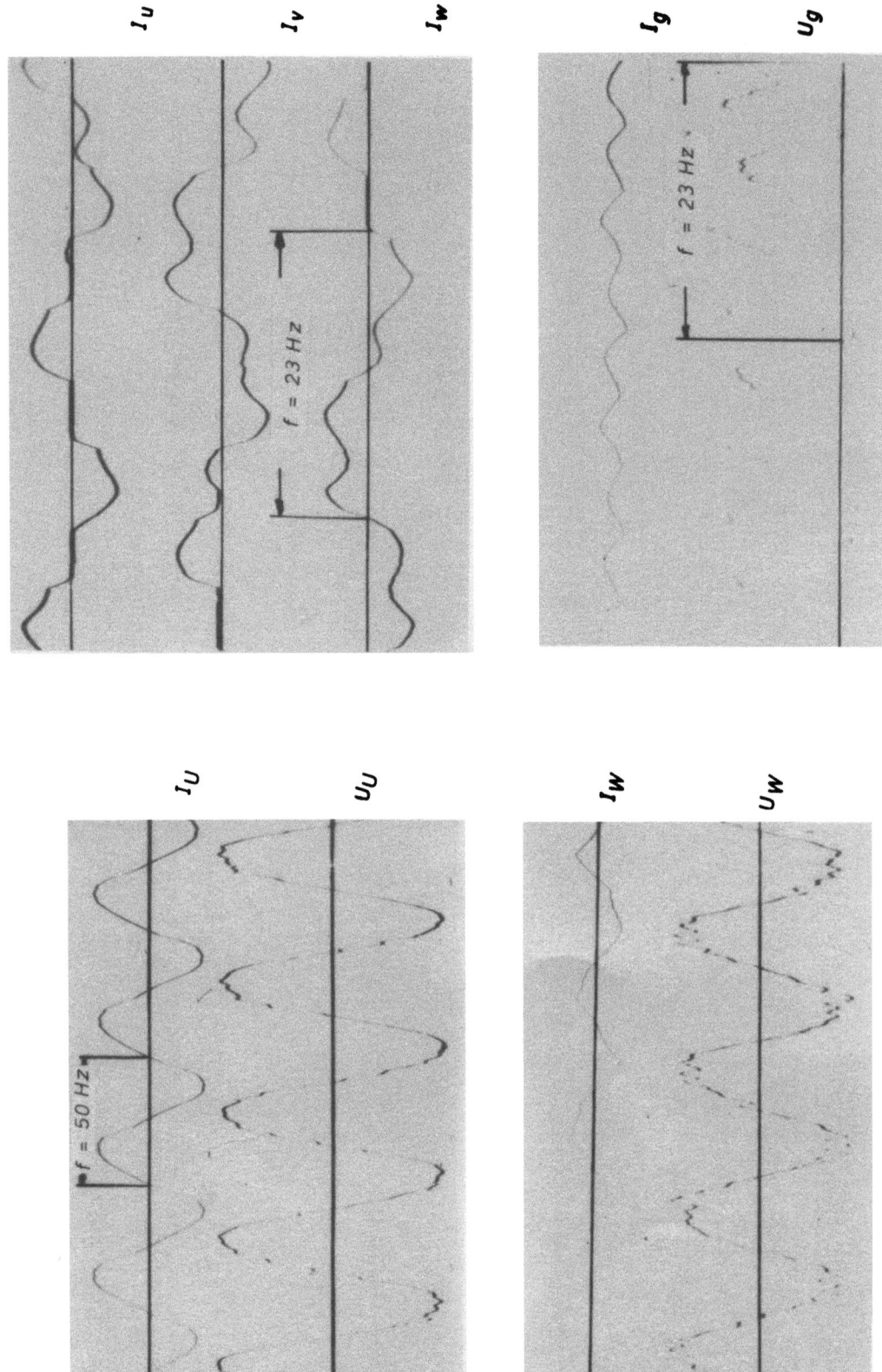

Abbildung 7.2c

Stationärer Betrieb der Einphasen-Anordnung; $n = 800 \text{ min}^{-1}$

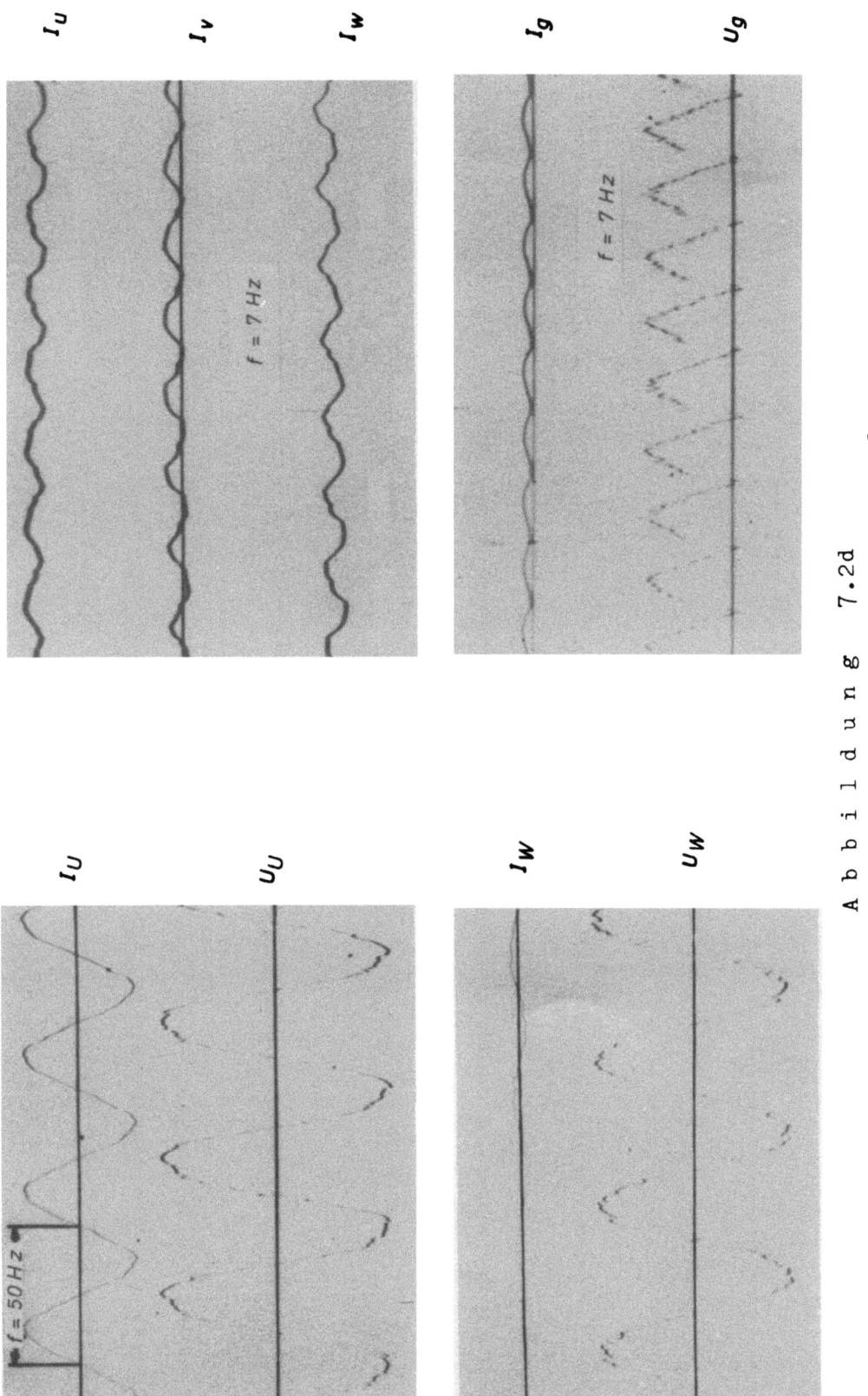

Abbildung 7.2d

Stationärer Betrieb der Einphasen-Anordnung; $n = 1290^{-1}$ (Leerlauf)

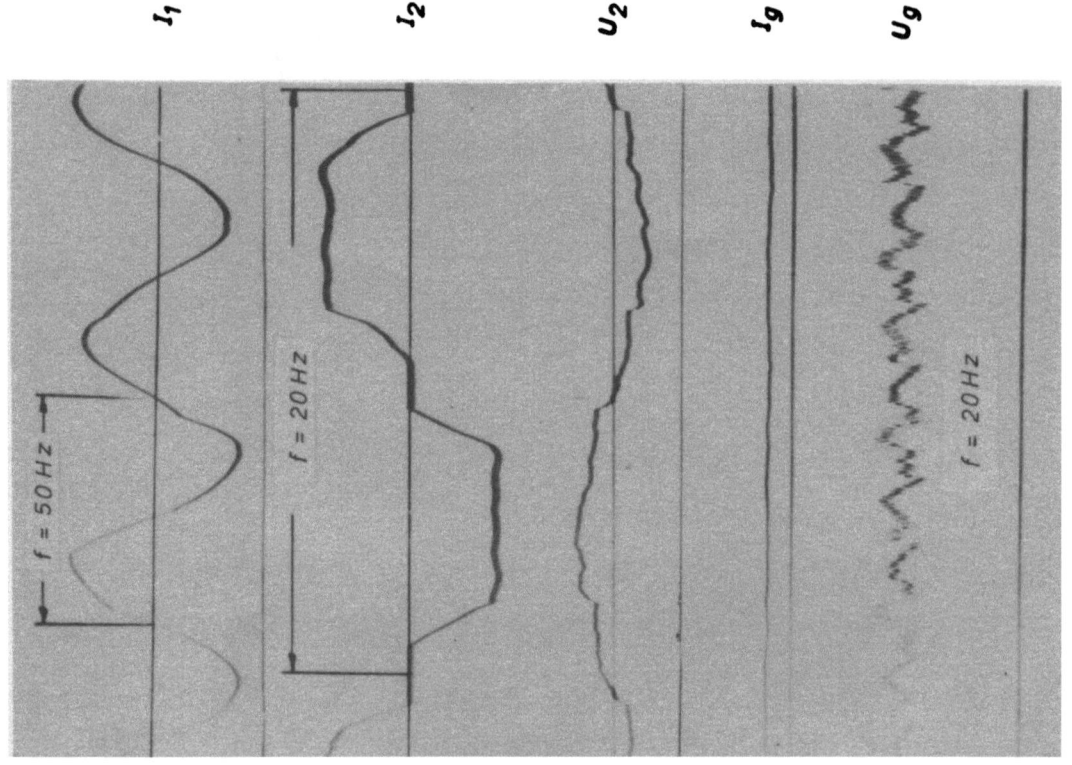

Abbildung 7.2f
Stationärer Betrieb der Dreiphasenanordnung;
n = 900 min⁻¹

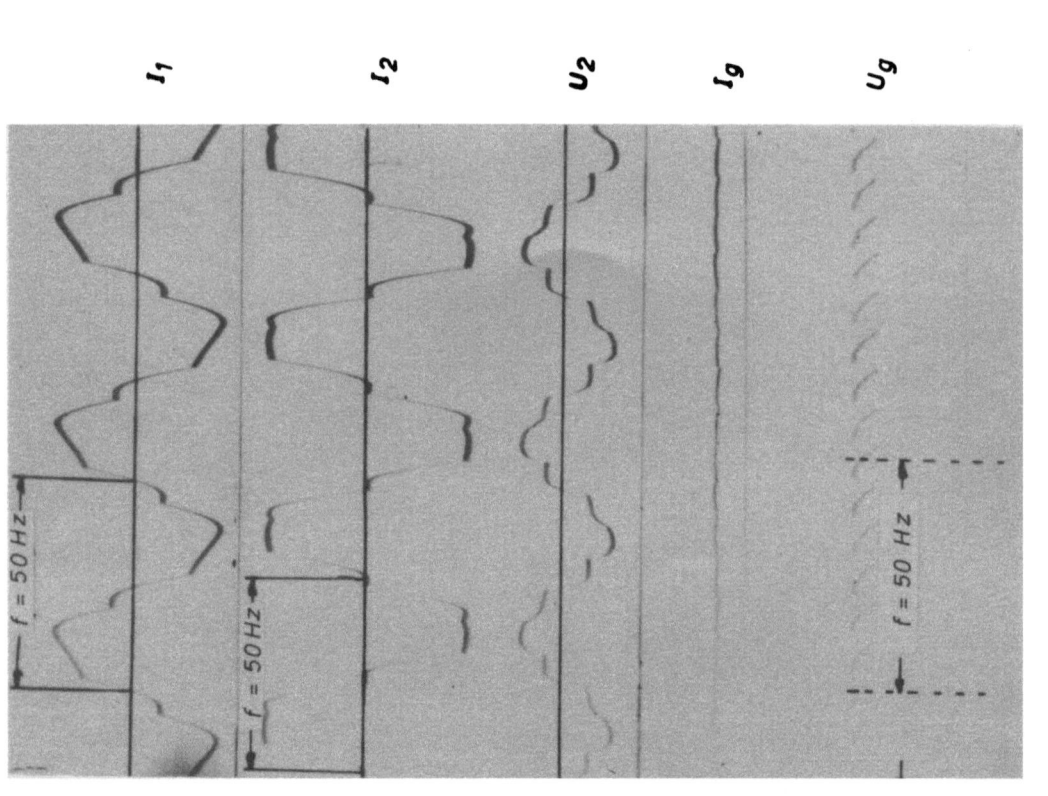

Abbildung 7.2e
Stationärer Betrieb der Dreiphasenanordnung;
n = 0 min⁻¹

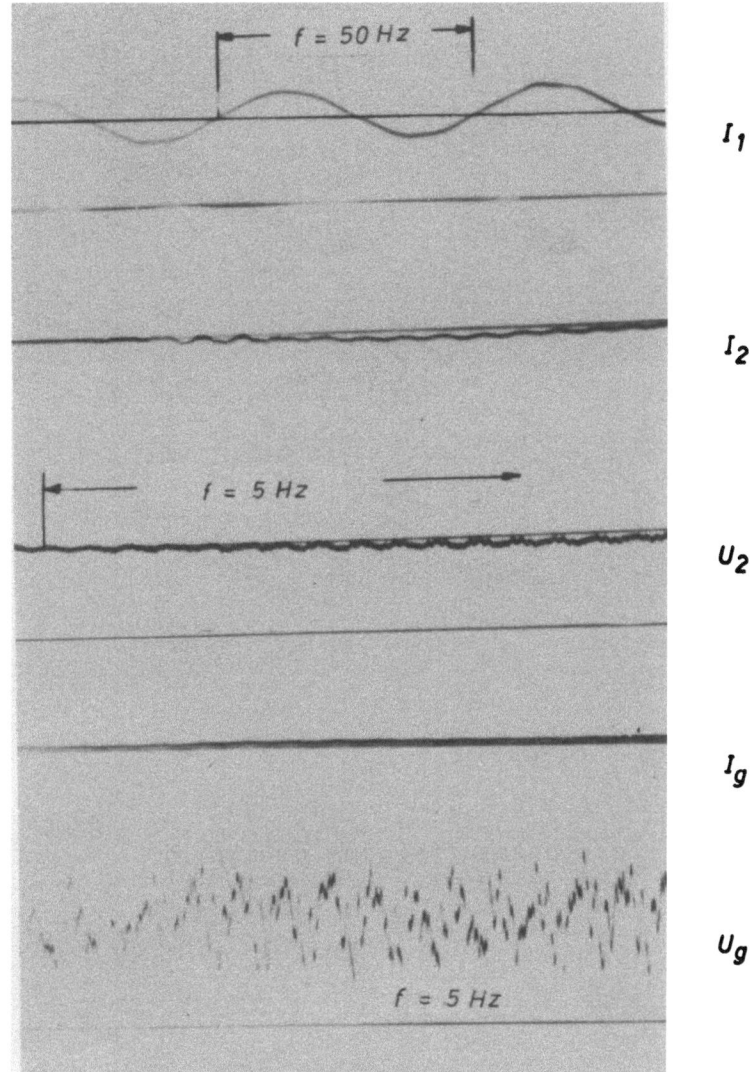

Abbildung 7.2g
Stationärer Betrieb der Dreiphasenanordnung;
n = 1350 min^{-1} (Leerlauf)

Der Charakter der beiden Diagramme ist der gleiche, nur die Verluste im HM-Satz sind bei der Einphasenanordnung doppelt so groß. Das liegt daran, daß die IHM zwei Funktionen gleichzeitig ausübt. Einerseits dient sie als Phasenumformer, andererseits als Generator, der die Schlupfleistung wieder ins Netz zurückspeist.

Wegen der höheren Verluste bei gleicher Leistung ergibt sich ein schlechterer Wirkungsgrad (vgl. Abb. 7.3c und d, die für ein konstantes Moment von M = 8 mkg aufgenommen wurden). Diesem müßte man dadurch begegnen, daß man die IHM entsprechend für höhere Leistungen bemißt. Wie Abbildung 7.3d zeigt, ist für die Verschlechterung des Wirkungsgrades nicht

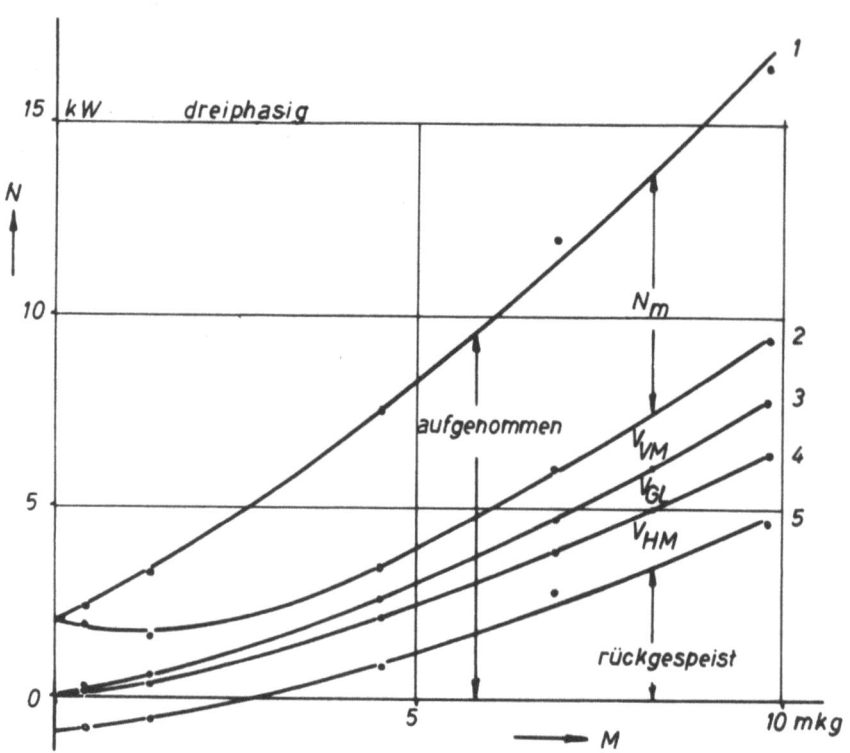

Abbildung 7.3a
Leistungsaufteilung dreiphasig

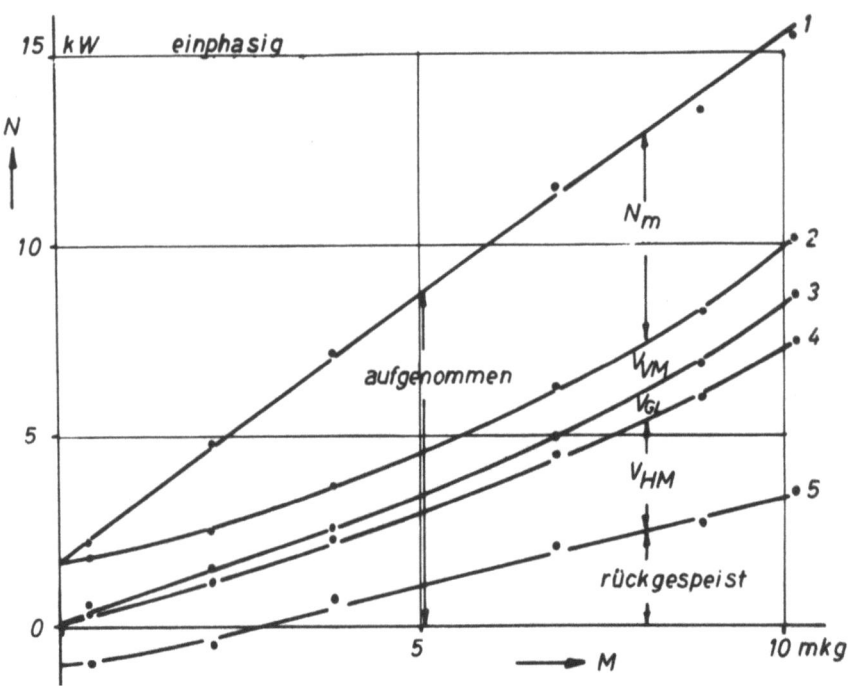

Abbildung 7.3b
Leistungsaufteilung einphasig

nur der geringere Wirkungsgrad der IHM, sondern auch der geringere Wirkungsgrad der VM verantwortlich. Er ist dadurch bedingt, daß die VM wegen der Unsymmetrie des Ständerfeldes ungefähr wie eine einphasige Induktionsmaschine wirkt.

n/M-Kennlinien: Bei einphasigem Betrieb wirken in der VM ein synchrones und ein inverses Drehmoment. Man erhält sie dadurch, daß man die unsymmetrischen Drehfelder und Läuferströme in synchrone und inverse Systeme zerlegt. Das inverse Moment verkleinert das Gesamtmoment, hat also einen stärkeren Drehzahlabfall mit zunehmender Last zufolge. Dieser ist um so größer, je größer die Unsymmetrie des Drehfeldes ist. Die Abbildung 7.3e

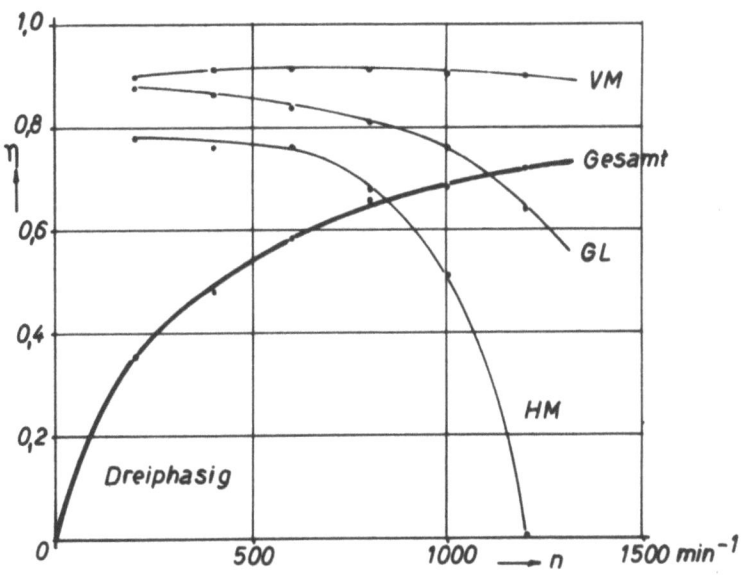

Abbildung 7.3c
Wirkungsgrad der dreiphasigen Anordnung

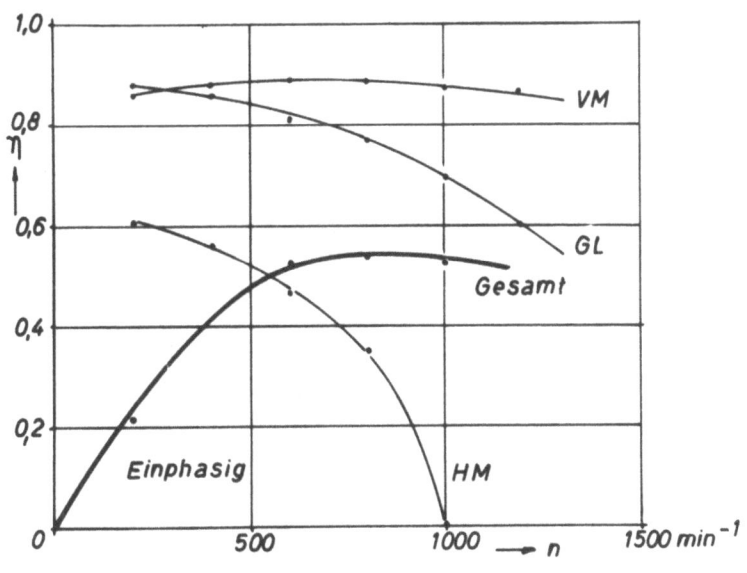

Abbildung 7.3d
Wirkungsgrad der einphasigen Anordnung

stellt die n/M-Kennlinien von drei- und einphasigem (gestrichelt) System einander gegenüber. Sie wurden für nebenschlußerregte GHM mit ZRW aufgenommen; als Parameter dient der Widerstandswert der Nebenschlußwicklung.

Ergebnis: Die Untersuchung zeigt, daß der Steuersatz auch in einphasiger Schaltung brauchbar ist. Damit dürfte er für verschiedene Zwecke interessant werden, bei denen nur Einphasennetze zur Verfügung stehen.
Er unterscheidet sich vom dreiphasigen Betrieb durch

        a) schlechteren Wirkungsgrad
        b) stärkeren Drehzahlabfall.

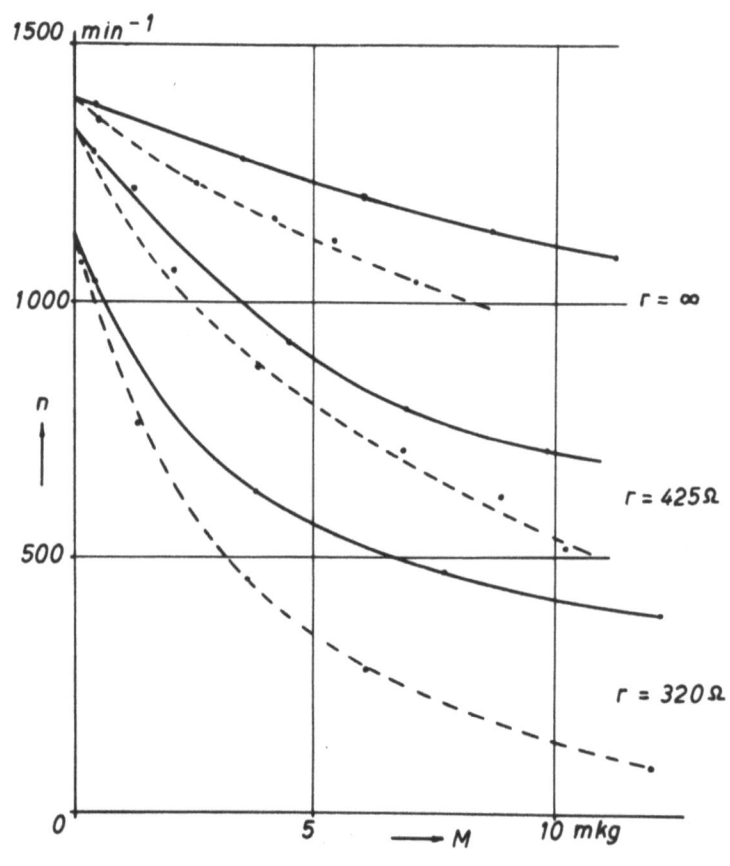

A b b i l d u n g 7.3e

Gegenüberstellung der n/M-Kennlinien für ein- und dreiphasigen Betrieb

——————— dreiphasig
— — — — — einphasig

8. Die verschiedenen Verfahren zur Drehzahlsteuerung mit Gleichstrom-Hintermaschine

Während der verschiedenen Entwicklungsstadien der Umformung von Drehstrom in Gleichstrom sind unterschiedliche Verfahren zur Drehzahlsteuerung eines Induktionsmotors mit Gleichstrom-Hintermaschine bekannt geworden. Historisch folgt auf den Einankerumformer als Zwischenglied der Quecksilberdampf-Gleichrichter, der wiederum von dem Trockengleichrichter abgelöst wird. Alle Verfahren sind grundsätzlich anwendbar. Um einen Überblick zu gewinnen, sollen hier ihre Vor- und Nachteile gegeneinander abgewogen werden.

8.1 Technischer Vergleich

Steuerungsmöglichkeit: Für die Verwendung eines Steuersatzes ist es von besonderem Interesse, unter- _und_ übersynchron steuern zu können. Für ausschließlich untersynchrone Steuerung bis zum Schlupf s muß die GHM nämlich für die geschlüpfte Leistung $s \cdot N_s$ ausgelegt sein. Für unter- _und_ übersynchrone Steuerung kann mit der gleichen Baugröße der GHM der Bereich $2 \cdot s$ überstrichen werden.

Im Untersynchronismus findet Energietransport von der **Drehstrom-** zur Gleichstromseite statt, im Übersynchronismus umgekehrt. Infolgedessen kann mit all den Verfahren unter- _und_ übersynchron gesteuert werden, die einen zweiseitigen Energietransport ermöglichen. Das sind Einankerumformer und gittergesteuerter Lichtbogengleich- bzw. Wechselrichter. Mit dem ungesteuerten Lichtbogengleichrichter und dem Trockengleichrichter (der vorläufig noch als unsteuerbar für große Leistungen betrachtet werden muß) ist nur untersynchroner Betrieb möglich, da sie nur einseitigen Energietransport zulassen.

Die Verwendungsfähigkeit des Einankerumformers wird dadurch eingeschränkt, daß er zwar übersynchronen Betrieb ermöglicht, aber nicht den Übergang vom unter- in den übersynchronen Betrieb selbsttätig herbeiführen kann [2]. Wird die Frequenz der Läuferspannung zu klein, so neigt der EU zu Pendelungen und fällt außer Tritt. Bei Vollast bzw. Teillast ist die synchronisierende Kraft zu gering; sie genügt nur, um den EU im Leerlauf durch den Synchronismus hindurchzufahren. Damit fällt insbesondere der Bereich um den Synchronismus auch für die Steuerung aus. Der unter-übersynchrone Betrieb wird erheblich eingeschränkt. ZABRANSKY [2] gibt diesen Bereich zu $\Delta s = \pm 0{,}06$ an.

Diese Schwierigkeit besteht beim Lichtbogengleich- bzw. Wechselrichter nicht, da der Übergang vom Gleichrichter- in den Wechselrichterbetrieb ohne weiteres möglich ist. Gittersteuerung und Umpolung der HM-Erregung müssen gleichzeitig erfolgen [3 und 4].

Betrachtet man <u>nur die untersynchrone</u> Steuerung, so ist von Interesse, wie weit man sich bei den einzelnen Verfahren dem Synchronismus nähern kann.

Einankerumformer: Die Grenze ist durch die niedrigste Frequenz gegeben, mit der er bei Vollast noch betrieben werden kann. Nach ZABRANSKI beträgt sie f_{min} = 3 Hz, entsprechend einem minimalen Schlupf von s_{min} = 0,06.

Gleichrichter: Die Grenze ist durch die Ventilspannung des Trocken- bzw. Lichtbogengleichrichters gegeben. Diese beträgt bei Vollast 40 V (Lichtbogen), 14 V (Selen) bzw. 2 V (Silizium) für eine Läuferstillstandsspannung von 200 V, da bei der Brückenschaltung jeweils zwei Ventile hintereinandergeschaltet sind. Hebt man die Remanenzspannung der GHM durch Gegenerregung auf, so entspricht diesen Werten ein minimaler Schlupf von s_{min} = 0,35; 0,12 bzw. 0,017. Damit fällt der ungesteuerte Lichtbogengleichrichter aus, solange die Läuferspannungen im Verhältnis zur Ventilspannung so klein sind. Der Selengleichrichter erweist sich als schlechter, der Siliziumgleichrichter als wesentlich besser, wenn man sie mit dem Einankerumformer vergleicht.

<u>Netzrückwirkung:</u> Da sich die Verwendung von Steuersätzen nur für große Leistungen lohnt, muß die Rückwirkung auf das Netz berücksichtigt werden; bei kleinen Leistungen ist sie uninteressant. Eine Umformung mit Gleichrichtern hat immer verzerrte Ströme und damit Oberwellen auf der Drehstromseite zur Folge. Nun wird in dieser Arbeit gezeigt, daß der Oberwellengehalt der Ständerströme der VM bei höheren Drehzahlen vernachlässigbar gering ist. Nur bei kleinen Drehzahlen, für die normalerweise eine Steuerung nicht in Frage kommt, und im Stillstand, wird der Oberwellengehalt groß. Die Netzrückwirkung des Gleichrichtersatzes ist also unerheblich. Da beim EU auf der Drehstromseite nur sinusförmige Ströme auftreten, ergibt sich beim Betrieb mit EU keinerlei Verzerrung des Netzstromes. Der Wesensunterschied der beiden Umformungsarten, der hierin zum Ausdruck kommt, ist der, daß beim Gleichrichter eine Energieumformung auf elektrischem Wege, beim EU dagegen auf mechanischem Wege erfolgt.

Blindleistung: Beim Betrieb mit EU läßt sich der Leistungsfaktor der VM durch Übererregung des EU verbessern. Dies hat jedoch den Nachteil, daß der Wirkungsgrad des EU bei gleicher Modellgröße stark abnimmt oder umgekehrt das Modell bei gleichem Wirkungsgrad vergrößert werden müßte.

Beim GL-Betrieb läßt sich der Leistungsfaktor nicht verbessern. Die zusätzliche Blindleistung in Form der Kommutierungsblindleistung hat darüberhinaus noch eine weitere Phasenverschiebung von 0 bis 10° zur Folge. Die einzige Möglichkeit, die Blindleistung zu kompensieren - und zwar nur bei der 2W - besteht darin, als rückspeisende Maschine eine Synchronmaschine zu wählen, deren Erregung ebenso wie beim EU zur Phasenkompensation einstellbar ist. Sie wäre allerdings teurer als der Käfigläufermotor.

In beiden Fällen bedingt also eine Kompensation der Blindleistung zusätzlichen Aufwand, der mit erhöhten Anschaffungskosten verbunden ist.

8.2 Wirtschaftlicher Vergleich

Anschaffungskosten: Nennstrom und -spannung des Umformers sind durch die Daten der VM und GHM bedingt. Da diese je nach Art des Steuersatzes stark variieren, hat es keinen Zweck, für die vielen Möglichkeiten Vergleiche anzustellen. Um trotzdem einen Überblick zu gewinnen, werden die Kosten für Selengleichrichter und Einankerumformer einander gegenübergestellt. Für zwei übliche Baugrößen gelten sie in einem Spannungsbereich von U_g = 100 bis 500 V, der für diese Leistungen in Frage kommt.

N_{nenn}	Einankerumformer	Selengleichrichter	Kostenverhältnis
100 kW	ca. 9000,-- DM	ca. 3800,-- DM	ca. 40 %
300 kW	ca. 38000,-- DM	ca. 10000,-- DM	ca. 25 %

Der Trockengleichrichter ist wesentlich billiger, besonders bei zunehmenden Leistungen. Sollten die Anschaffungskosten bei den wirtschaftlichen Überlegungen die entscheidende Rolle spielen, so ist also unbedingt der Trockengleichrichter vorzuziehen.

Betriebskosten: Die Betriebskosten entstehen im Wesentlichen durch die Verluste. Hinzu kommen noch Unterhalts- und Reparaturkosten, die sich aber nur schwer überblicken lassen. Beim Trockengleichrichter treten Stromwärmeverluste auf, die durch die Schleusenspannung, den Durchlaß- und den Sperrwiderstand bedingt sind. Beim Lichtbogengleichrichter ruft der Spannungsabfall des Lichtbogens Verluste hervor. Beim EU sind elektrische Verluste durch den Widerstand der Wicklungen bedingt. Hinzu treten Erreger- und mechanische Verluste.

Um den Einfluß der Umformerverluste bzw. des Umformerwirkungsgrades erfassen zu können, ist es am zweckmäßigsten, den Wirkungsgrad des ganzen Satzes in Abhängigkeit vom Schlupf und Umformerwirkungsgrad darzustellen.

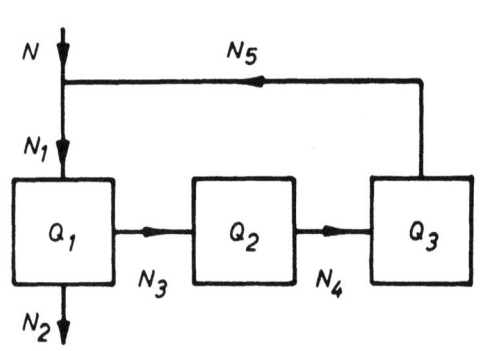

Abbildung 8.2a
Zur Darstellung des Wirkungsgrades

Bezeichnet man (Abb.8.2a) die gesamte zugeführte elektrische Leistung mit N und die gewonnene mechanische Leistung mit N_2, so ist der Gesamtwirkungsgrad

$$\eta = \frac{N_2}{N} \ .$$

Unter Vernachlässigung der Reibungsverluste der VM kann man $N_2 = (1-s) \cdot N_6$ setzen. Teilt man die VM in Ständer und Läufer mit den Verlusten Q_1 und Q_2, so ist:

N_3 die geschlüpfte Leistung: $N_3 = s \cdot N_6$.
N_1 ist die der VM zugeführte elektrische Leistung
N_4 ist die der VM entnommene elektrische Leistung
N_5 ist die über Umformer und HM-Satz rückgeführte Leistung

Mit $\eta_1 = \frac{N_6}{N_1}$ als Ständerwirkungsgrad der VM,

$\eta_2 = \frac{N_4}{N_3}$ als Läuferwirkungsgrad der VM und

$\eta_3 = \frac{N_5}{N_4} = \eta_{GL} \cdot \eta_{HM}$ als Wirkungsgrad der Hilfsmaschinen

erhält man für den Gesamtwirkungsgrad

$$\eta = \frac{(1-s) \cdot N_6}{N_1 - N_5} = \frac{(1-s) \cdot N_6}{\frac{N_6}{\eta_1} - s \cdot N_6 \cdot \eta_2 \cdot \eta_3}$$

$$= \frac{1-s}{\frac{1}{\eta_1} - s \cdot \eta_2 \cdot \eta_3} \ .$$

Um vergleichbare Werte zu erhalten, bezieht man η auf η_1. Dann ergibt sich mit $\eta' = \eta_1 \cdot \eta_2 \cdot \eta_3 = \eta_{St} \cdot \eta_L \cdot \eta_{GL} \cdot \eta_{HM}$

$$\boxed{\frac{\eta}{\eta_1} = \frac{1-s}{1-s \cdot \eta'}} \qquad (8.2)$$

Diese Abhängigkeit ist in Abbildung 8.2b für verschiedene η' dargestellt. Grenzen sind die Geraden für $\eta' = 0$ und $\eta' = 1$, zwischen denen der tatsächliche Kurvenverlauf liegen muß. Da $\eta_{St} \cdot \eta_L \cdot \eta_{HM} = K$ für dieselbe Vorder- und Hintermaschine eine Konstante ist, ist η' lediglich von η_{GL} abhängig: $\eta' = K \cdot \eta_{GL}$. Der Wirkungsgrad ist maximal, wenn die Sekundärleistung der VM wieder ganz in Form elektrischer oder mechanischer Energie zurückgeführt wird: $\eta_{GL} \cdot \eta_{HM} = 1$. Er ist minimal für $\eta_{GL} \cdot \eta_{HM} = 0$.

Für den Vergleich der verschiedenen Umformertypen wird der jeweilige Wirkungsgrad eingesetzt, womit sich nach Abbildung 8.2b der Gesamtwirkungsgrad ergibt.

Man sieht aus Gleichung (8.2) (Abb. 8.2b), daß der Gesamtwirkungsgrad nur geringfügig vom Wirkungsgrad des Umformers beeinflußt wird, da η' das Produkt aus den Wirkungsgeraden <u>aller</u> Elemente des Satzes ist. Ist der Wirkungsgrad eines anderen Bauelementes - wie zum Beispiel η_{HM} in Abbildung 7.3c - schon wesentlich geringer als der des Umformers, so wirkt sich die Änderung des Umformerwirkungsgrades kaum noch aus. Da eine Steuerung im unteren Drehzahlbereich wegen des schlechten Gesamtwirkungsgrades ohnehin unwirtschaftlich ist, genügt es, den oberen Drehzahlbereich zu betrachten. In diesem Bereich ist der Wirkungsgrad des Hintermaschinensatzes ausschlaggebend. Er ist bereits so gering, daß man sich der Geraden für $\eta' = 0$ nähert. Für die Betriebskosten spielt also - abgesehen von Reparaturkosten infolge von unterschiedlicher Störanfälligkeit - die Wahl des Umformertyps kaum eine Rolle.

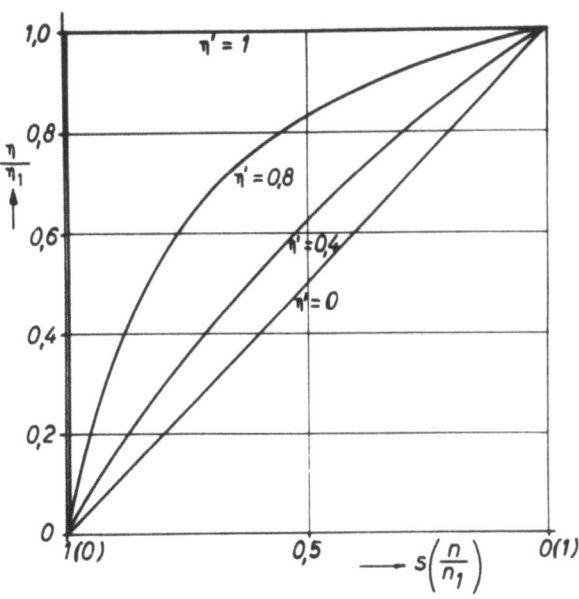

Abbildung 8.2b
Wirkungsgrad des Steuersatzes

9. Zusammenfassung

In der vorliegenden Arbeit wird gezeigt, daß sich die bekannten Gleichungen für Strom und Drehmoment der kurzgeschlossenen Asynchronmaschine auch auf den Drehstrom-Gleichstrom-Steuersatz anwenden lassen, wenn man einen neuen Schlupf einführt. Der Zusammenhang zwischen diesem und dem Schlupf der kurzgeschlossenen Asynchronmaschine wird für die Einwellen- und Zweiwellen-Anordnung mathematisch formuliert. Er ist von der Spannung der Gleichstrom-Hintermaschine abhängig und liefert eine neue Parametrierung der Ortskurve der kurzgeschlossenen Asynchronmaschine. Gestalt und Größe dieser Ortskurve bleiben für den Steuersatz unverändert.

Die Abhängigkeit des Drehmomentes von der Drehzahl wird für verschiedene Erregungsarten der Gleichstromhintermaschine bestimmt und graphisch dargestellt. Hierbei wird ausgeführt, daß der Trockengleichrichter die Diskrepanz zwischen theoretisch und experimentell ermittelten Kennlinien und Ortskurven bedingt. Seine wichtigsten Einflußgrößen sind Schleusenspannung und Durchlaßwiderstand.

Die Verwendung des Gleichrichters läßt eine Verzerrung des Netzstromes erwarten, die den Betrieb des Satzes für große Leistungen in Frage stellt. Um das Ausmaß der Verzerrung durch den Steuersatz festzustellen, wird ein Verfahren entwickelt, nach dem man die Kurvenform des Ständerstromes abhängig von der Drehzahl bestimmen kann. Daraus erhält man Angaben über Periodizität und Verzerrung des Ständerstromes. Das wichtigste Ergebnis dieser Untersuchung ist die Erkenntnis, daß der Netzstrom trotz des Gleichrichters bei hohen Drehzahlen fast sinusförmig verläuft. Oszillographische Aufnahmen bestätigen die konstruierten Kurvenformen.

Als Trockengleichrichter, die im Gegensatz zum Quecksilberdampfgleichrichter vorläufig noch nicht steuerbar sind, kommen Selen-, Germanium- und Silizium-Gleichrichter in Betracht. Der Vergleich ihrer Eigenschaften im Hinblick auf den Steuersatz ergibt, daß der Selengleichrichter nur wegen seiner großen Stromüberlastbarkeit im Augenblick noch eine Chance hat. Der Siliziumgleichrichter wird ihn in naher Zukunft ersetzen, wenn es gelingt, seine Empfindlichkeit gegen Überlast zu verkleinern.

Da für einige Zwecke die Verwendung des Steuersatzes am Einphasennetz interessant sein dürfte (Bahnbetrieb?), wird eine einphasige Anordnung entworfen, beschrieben und untersucht. Sie ist stationär und dynamisch brauchbar, wie Versuchsergebnisse und oszillographische Aufnahmen zeigen. Bei Verwendung gleicher Maschinen hat sie natürlich einen schlechteren Wirkungsgrad und Momentenkennlinienverlauf als die dreiphasige Anordnung.

Als Abschluß werden die verschiedenen Verfahren, mit denen im Steuersatz die Drehstrom-Gleichstrom-Umformung erfolgt, technisch und wirtschaftlich verglichen. Es ergibt sich, daß der Siliziumgleichrichter für die untersynchrone Steuerung allen anderen Umformern (Einankerumformer, Quecksilberdampf-, Selen- und Germaniumgleichrichter) überlegen ist.

Prof. Dr.-Ing. Robert BRÜDERLINK
Dipl.-Ing. Hansjörg JANSEN

Literaturverzeichnis

[1] KRÄMER — Neue Methoden zur Regelung von Asynchronmotoren E T Z 29 (1908) S. 734

[2] ZABRANSKY — Die wirtschaftliche Regelung von Drehstrommotoren durch Drehstrom-Gleichstrom-Kaskaden
Julius Springer Verlag, Berlin 1927

[3] ALEXANDERSON — Drehzahlregelung von Motoren
El. Engr. Trans. 57 (1938) S. 343

[4] SAVAGNONE — Avviamento e regolazione di velocità dei motori a induzione mediante mutatori
L'Elettrotecnica 26 (1939) S. 342

[5] TEISSIÉ-SOLIER — Un dispositif permettant le réglage de la vitesse des moteurs asynchrones: "Le Metacin"
L'Electricité 35 (1951) S. 265

[6] RICHTER — Elektrische Maschinen IV
Julius Springer Verlag, Berlin 1936

[7] DÄLLENBACH — Le relazioni di corrente e di tensione del raddrizzatore collegato a ponte trifase di Graetz
L'Elettrotecnica 44 (1957) S. 133

[8] DÄLLENBACH und GERECKE — Die Strom- und Spannungsverhältnisse der Großgleichrichter
A.f.E. 14 (1924) S. 171

[9] METSCHL — Einführung in die Theorie der Gleichrichter mit ohmscher Widerstandsbelastung
E u M 72 (1955) S. 53

[10] SCHRÖDER und ZABEL — Der Wirkungsgrad eines Selen-Gleichrichters
Siemens-Zeitschrift 29 (1955) S. 241

[11] ARENDS und SCHRÖTER — Germanium-Leistungsgleichrichter
AEG-Mitteilungen 46 (1956) S. 212

[12] BRUNKE — Fortschritte auf dem Gebiet der Selengleichrichter
AEG-Mitteilungen $\underline{41}$ (1951) S. 190

[13] ARENDS — Silizium-Gleichrichter
E T Z $\underline{79}$ (1958) S. 329

[14] ARENDS — Silizium-Leistungsgleichrichter
AEG-Mitteilungen $\underline{48}$ (1958) S. 61

[15] PFAFFENBERGER — Die Technik des Silizium-Gleichrichters
Siemens-Zeitschrift $\underline{32}$ (1958) S. 115

FORSCHUNGSBERICHTE DES LANDES NORDRHEIN-WESTFALEN

Herausgegeben durch das Kultusministerium

ELEKTROTECHNIK · OPTIK

HEFT 1
Prof. Dr.-Ing. E. Flegler, Aachen
Untersuchungen oxydischer Ferromagnet-Werkstoffe
1952, 20 Seiten, DM 6,75

HEFT 12
Elektrowärme-Institut, Langenberg (Rhld.)
Induktive Erwärmung mit Netzfrequenz
1952, 22 Seiten, 6 Abb., DM 5,20

HEFT 23
Institut für Starkstromtechnik, Aachen
Rechnerische und experimentelle Untersuchungen zur Kenntnis der Metadyne als Umformer von konstanter Spannung auf konstanten Strom
1953, 52 Seiten, 21 Abb., 4 Tafeln, DM 9,75

HEFT 24
Institut für Starkstromtechnik, Aachen
Vergleich verschiedener Generator-Metadyne-Schaltungen in bezug auf statisches Verhalten
1952, 44 Seiten, 23 Abb., DM 8,50

HEFT 44
Arbeitsgemeinschaft für praktische Dehnungsmessung, Düsseldorf
Eigenschaften und Anwendungen von Dehnungsmeßstreifen
1953, 68 Seiten, 43 Abb., 2 Tabellen, DM 13,70

HEFT 62
Prof. Dr. W. Franz, Institut für theoretische Physik der Universität Münster
Berechnung des elektrischen Durchschlags durch feste und flüssige Isolatoren
1954, 36 Seiten, DM 7,—

HEFT 77
Meteor Apparatebau Paul Schmeck GmbH., Siegen
Entwicklung von Leuchtstoffröhren hoher Leistung
1954, 46 Seiten, 12 Abb., 2 Tabellen, DM 9,15

HEFT 100
Prof. Dr.-Ing. H. Opitz, Aachen
Untersuchungen von elektrischen Antrieben, Steuerungen und Regelungen an Werkzeugmaschinen
1955, 166 Seiten, 71 Abb., 3 Tabellen, DM 31,30

HEFT 156
Prof. Dr.-Ing. habil. B. v. Borries, Dr. rer. nat. Dipl.-Chem. J. Johann, Ing. J. Huppertz, Dipl.-Phys. G. Langner, Dr. rer. nat. Dipl.-Phys. F. Lenz und Dipl.-Phys. W. Scheffels, Düsseldorf
Die Entwicklung regelbarer permanentmagnetischer Elektronenlinsen hoher Brechkraft und eines mit ihnen ausgerüsteten Elektronenmikroskopes neuer Bauart
1956, 102 Seiten, 52 Abb., DM 22,55

HEFT 179
Dipl.-Ing. H. F. Reineke, Bochum
Entwicklungsarbeiten auf dem Gebiete der Meß- und Regeltechnik
1955, 46 Seiten, 10 Abb., DM 10,—

HEFT 181
Prof. Dr. W. Franz, Münster
Theorie der elektrischen Leitvorgänge in Halbleitern und isolierenden Festkörpern bei hohen elektrischen Feldern
1955, 28 Seiten, 2 Abb., 1 Tabelle, DM 6,20

HEFT 208
Prof. Dr.-Ing. H. Müller, Essen
Untersuchung von Elektrowärmegeräten für Laienbedienung hinsichtlich Sicherheit und Gebrauchsfähigkeit. I. Untersuchungen an Kochplatten
1956, 100 Seiten, 76 Abb., 7 Tabellen, DM 22,70

HEFT 213
Dipl.-Ing. K. F. Rittinghaus, Aachen
Zusammenstellung eines Meßwagens für Bau- und Raumakustik
1957, 96 Seiten, 17 Abb., 7 Tabellen, DM 19,80

HEFT 216
Dr. E. Kloth, Köln
Untersuchungen über die Ausbreitung kurzer Schallimpulse bei der Materialprüfung mit Ultraschall
1956, 90 Seiten, 60 Abb., 4 Tabellen, DM 19,40

HEFT 265
Prof. Dr. F. Micheel und Dr. R. Engel, Münster
Eine Apparatur zur elektrophoretischen Trennung von Stoffgemischen
1956, 38 Seiten, 21 Abb., DM 9,20

HEFT 276
Fa. E. Haage, Mülheim (Ruhr)
Entwicklungsarbeiten im Apparatebau für Laboratorien
1956, 48 Seiten, 18 Abb., DM 10,50

HEFT 309
Prof. Dr. K. Cruse, Dipl.-Phys. B. Ricke und Dipl.-Phys. R. Huber, Clausthal-Zellerfeld
Aufbau und Arbeitsweise eines universell verwendbaren Hochfrequenz-Titrationsgerätes
1957, 48 Seiten, 29 Abb., DM 11,90

HEFT 310
Dr. P. F. Müller, Bonn
Die Integrieranlage des Rheinisch-Westfälischen Instituts für Instrumentelle Mathematik in Bonn
1956, 62 Seiten, 6 Abb., 31 Schaltskizzen, DM 14,45

HEFT 331
Dipl.-Ing. G. Bretschneider, Ruit
Die Messung der wiederkehrenden Spannung mit Hilfe des Netzmodelles
1957, 46 Seiten, 21 Abb., 2 Tabellen, DM 11,20

HEFT 341
Prof. Dr.-Ing. H. Winterhager und Dipl.-Ing. L. Werner, Aachen
Präzisions-Meßverfahren zur Bestimmung des elektrischen Leitvermögens geschmolzener Salze
1956, 44 Seiten, 19 Abb., 1 Tabelle, DM 10,60

HEFT 403
Prof. Dr.-Ing. P. Denzel und Dipl.-Ing. W. Cremer, Aachen
Verbesserung der Benutzungsdauer der Höchstlast in ländlichen Netzen durch Anwendung elektrischer Geräte in der Landwirtschaft
1957, 46 Seiten, 23 Abb., DM 12,10

HEFT 438
Prof. Dr.-Ing. H. Winterhager und Dr.-Ing. L. Werner, Aachen
Bestimmung des elektrischen Leitvermögens geschmolzener Fluoride
1957, 52 Seiten, 18 Abb., 10 Tabellen, DM 11,90

HEFT 440
Dr.-Ing. H. Wolf, Aachen
Gekoppelte Hochfrequenzleitungen als Richtkoppler
1958, 108 Seiten, 44 Abb., DM 31,60

HEFT 513
Prof. Dr. W. L. Schmitz und Dr. rer. nat. F. Schmitt, Bonn
Die Verwendung des Magnetbandgerätes zur Speicherung des Kurvenverlaufs elektrischer Ströme
1958, 56 Seiten, 35 Abb., DM 17,65

HEFT 520
Prof. Dr.-Ing. H. Opitz, Dipl.-Ing. H. Obrig und Dipl.-Ing. P. Kips, Aachen
Untersuchung neuartiger elektrischer Bearbeitungsverfahren
1958, 44 Seiten, 35 Abb., 2 Tabellen, DM 14,70

HEFT 522
Dr.-Ing. J. Lorentz, Bonn und Dr.-Ing. K. Brocks, Mülheim/Ruhr
Elektrische Meßverfahren in der Geodäsie
1958, 108 Seiten, 49 Abb., 5 Tabellen, DM 28,—

HEFT 523
Dr.-Ing. K. Eberts, Duisburg
Entwicklungen einiger Meßverfahren und einer Frequenz- und amplitudenstabilisierten Meßeinrichtung zur gleichzeitigen Bestimmung der komplexen Dielektrizitäts- und Permeabilitätskonstante von festen und flüssigen Materialien im rechteckigen Hohlleiter und im freien Raum bei Frequenzen von 9200 und 33000 MHz
1958, 122 Seiten, 37 Abb., DM 30,20

HEFT 535
Dr.-Ing. J. Lennertz, Köln
Einfluß des Ausbaugrades und Benutzungsgrades nachrichtentechnischer Einrichtungen auf die Gesamtwirtschaft
1958, 266 Seiten, Tabellen, DM 42,—

HEFT 550
Dr. H. Stephan, Bonn
Elektrisches Standhöhenmeßgerät für Flüssigkeiten
1958, 26 Seiten, 13 Abb., 2 Tabellen, DM 10,10

HEFT 554
Prof. Dr.-Ing. H. Müller, Essen
Untersuchung von Elektrowärmegeräten für Laienbedienung hinsichtlich Sicherheit und Gebrauchsfähigkeit. — Teil II: Temperaturen an und in schmiegsamen Elektrogeräten
1958, 56 Seiten, 18 Abb., 22 Tabellen, DM 16,70

HEFT 596
Dipl.-Ing. K.-H. Hardieck, Aachen
Theoretische und experimentelle Untersuchungen der stationären Vorgänge in magnetischen Verstärkern
1958, 74 Seiten, 58 Abb., DM 20,20

HEFT 605
Ing. L. Bommes, M.-Gladbach
Bestimmung von Leistung und Wirkungsgrad eines Ventilators
1958, 46 Seiten, 29 Abb., 3 Tabellen, DM 12,60

HEFT 615
Prof. Dr. W. Weizel und D. H. Whang, Bonn
Stromverteilung auf der Kathode einer Glimmentladung in Spalten bei hohen Drucken und abseits stehender Anode
1958, 28 Seiten, 16 Abb., DM 8,80

HEFT 616
Prof. Dr. W. Weizel und W. Ohlendorf, Bonn
Die Glimmentladung in spaltartigen Entladungsräumen
1958, 38 Seiten, 18 Abb., DM 10,70

HEFT 622
Prof. Dr. W. Franz, Münster
Theorie der Elektronenbeweglichkeit in Halbleitern
1958, 40 Seiten, 9 Abb., DM 10,80

HEFT 642
Dr.-Ing. H.-J. Eckhardt, Essen
Die dielektrische Trocknung bei erniedrigtem Luftdruck mit Beiträgen zum physikalischen Verhalten der Mischkörper
1958, 66 Seiten, 24 Abb., DM 17,10

HEFT 663
Dr. H.-Chr. Freiesleben, Düsseldorf
Vergleich von Funkortungsverfahren an Bord von Seeschiffen
1958, 20 Seiten, DM 6,20

HEFT 694
G. Hergenhahn, Bonn
Die Bahn des künstlichen Erdsatelliten 1958 Delta 2
1959, 44 Seiten, 10 Abb., 1 Tabelle, DM 12,60

HEFT 724
Prof. Dr. G. Eckart, Dr. F. Gimmel, Th. Conrady und B. Scherer, Saarbrücken
Sonderfragen bei Breitband-Schlitzantennen
1959, 32 Seiten, 3 Abb., 4 Kurvenblätter, DM 9,40

HEFT 756
Prof. Dr.-Ing. R. Brüderlink und Dipl.-Ing. H. Jansen, Aachen
Drehstrom-Gleichstrom-Steuersatz mit Trockengleichrichter in Einwellen- und Zweiwellenanordnung

HEFT 784
Dipl.-Ing. W. Sackmann, Essen
Untersuchung elektrischer Aufladungserscheinungen an Gasströmungen
1959, 28 Seiten, 15 Abb., DM 9,—

HEFT 786
Prof. Dr.-Ing. P. Denzel, Aachen
Untersuchungen über die Möglichkeit der selektiven Erdschlußerfassung durch Messung des im Erdseil von Freileitungen fließenden Nullstroms
In Vorbereitung

HEFT 824
Dr.-Ing. K. Lauterjung, Aachen
Untersuchung symmetrischer Hochfrequenzleitungen
in Vorbereitung

HEFT 825
Ltd. Reg.-Dir. Dr. H. Gabler und Reg.-Rat Dr. G. Gresky, Hamburg
Untersuchung örtlicher Rückstrahler auf Schiffen, vorzugsweise im Grenzwellenbereich, mit dem Sichtfunkpeiler
in Vorbereitung

HEFT 835
Dr.-Ing. C. Kleegrewe, Mülheim/Ruhr
Bau eines Wolkenradargerätes zur gleichzeitigen Messung bei 3,2 cm und 0,86 cm Wellenlänge
in Vorbereitung

HEFT 836
H. Borchardt, Mülheim/Ruhr
Physikalisch-technische Grundlagen der meteorologischen Anwendung von Radar nach Erfahrungen mit der Wetterradaranlage des Institutes für Mikrowellen in der Deutschen Versuchsanstalt für Luftfahrt e. V. Mülheim-Ruhr
in Vorbereitung

Ein Gesamtverzeichnis der Forschungsberichte, die folgende Gebiete umfassen, kann bei Bedarf vom Verlag angefordert werden:

Acetylen / Schweißtechnik – Arbeitspsychologie und -wissenschaft – Bau / Steine / Erden – Bergbau – Biologie – Chemie – Eisenverarbeitende Industrie – Elektrotechnik / Optik – Fahrzeugbau / Gasmotoren – Farbe / Papier / Photographie – Fertigung – Gaswirtschaft – Hüttenwesen / Werkstoffkunde – Luftfahrt / Flugwissenschaften – Maschinenbau – Medizin / Pharmakologie / Physiologie – NE-Metalle – Physik – Schall / Ultraschall – Schiffahrt – Textiltechnik / Faserforschung / Wäschereiforschung – Turbinen – Verkehr – Wirtschaftswissenschaften.

If you have any concerns about our products,
you can contact us on
ProductSafety@springernature.com

In case Publisher is established outside the EU,
the EU authorized representative is:
**Springer Nature Customer Service Center GmbH
Europaplatz 3, 69115 Heidelberg, Germany**

Printed by Libri Plureos GmbH
in Hamburg, Germany